西北偏北

一个70后建筑师的手记

王大鹏／著

U0318644

辽宁科学技术出版社
·沈阳·

目录

序一

「多面性」的大鹏

我和大鹏一起工作已经 15 个年头了。在设计项目上有很多交集，平时在一起聊天也算是比较多的，日子一长，接触愈多，就发现在他身上的一种"多面性"。

作为建筑师的大鹏，自然是我所熟悉的，很职业，很理性，对设计中的问题考虑细致，对问题的把握和解决更是到位。和他一起工作心里特别踏实，是一个好的 partner（搭档）。他写的有关建筑的文章，如本书中收入的《从饭店到博物馆——中国建筑现代化的三十年跨越》《中国建筑现代化的演进及思考》，体现了他对建筑设计发展严肃而理性的剖析和思考，但那些随笔——可称之为建筑散文，如《象山记》《建筑师说》等更具有可读性，行文诙谐，饶有趣味。文章对建筑圈子里的乱象颇多针砭，因为是同行，一些文字读来常有同感，使人会心一笑。

作为读书人的大鹏也是我所熟悉的。他喜欢读书，也喜欢买书（碰到好的书，他有时会多购一本赠我，如《寻找苏慧廉》

《中国三千年绘画史》等)。早些年每买到好书，经常会"加班"甚至通宵把书读完，第二天照常上班。他的阅读范围很宽：历史的、哲学的、文学艺术的……当然也有建筑的。书读多了，思考的范围也就宽了。与工作时的状态不同，在平时的交谈中，你会发现他的思维很发散，旁征博引，话题广泛。在这种无主题的交流中，常会爆出一些另类的观点，令人刮目。这一特点在《轮语》《消逝的光影》等篇幅中有很清晰的表现，只是书中把平时的话语整理成文字，更具文采。能写出这样的美文，是与他作为"读书人"的身份密切相关的。

读了这本《西北偏北》，也让我看到了另一个我原来不那么熟悉的大鹏——那就是作为一个"社会人"的大鹏。他关注社会，关注人生，关注包括家乡在内的这片土地上所发生的种种变化。他对社会万象观察敏感而细微，《盖房记》《天下何以大白》以建筑人的眼光剖析了当今社会价值取向的变化，发人深思。《我们不是一类人》《王公子别传》虽然写的都是些平常的人生经历，但他写来绘声绘色，语调调侃，人物形象立体生动，读后使人会思考在这个大变局的社会中，各色人等的不同处境，以及他们将走向何方？尤其是《抓阄》描绘了一个公司和在这个公司工作的人们的命运起伏，行文以轻松笔调开始，以沉重的现实结局，使人掩卷默然。从这里我看到了一个有责任和忧患意识、我不太熟悉的大鹏。

对这样的"多面性"如何看？我是一个建筑师，我愿意首先从建筑师的角度来理解大鹏的"多面性"。

曾经在微信上看到关于大鹏的文章，题目是《行走在建筑的边缘》，这题目语带调侃，未可认真。因为我一直认为在所有的技术科学领域中，建筑是最没有边界的。在界面清晰的技术学科门类拼图中，建筑学却像墨迹般的晕染开去，很难界定它的边界到底在哪里？既无边界，如何能行走在它的"边缘"？现在的问题恰恰是我们过去对建筑的理解是否过于狭隘？似乎只要学会建筑"模式语言"，或是那些先锋建筑师们的理论就可以了。其实，如果我们不了解建筑的社会性和模糊性，以及建筑与科学艺术人文的密不可分的关系，对社会对生活没有细致的观察和切身的体悟，是很难真正懂得建筑的。建筑作品品质源自于建筑师的思考深度，而建筑师的思想深度则源于他对本专业及专业外各类知识的积累，源于他对世间万事万物的观察和思考。就建筑论建筑无异于刻舟求剑，自画藩篱，实不足取。

当然，我也愿意把《西北偏北》看作是一位建筑师的"跨界"之作。多年来，大鹏游走在建筑与社会生活、人文艺术等领域之间，日积月累，写出了一篇篇文笔轻松、视野开阔的美文，写出了对社会、对人生的感悟，这已经不是一般建筑师所能达到的境界。

中国工程院院士 程泰宁

2017 年 3 月 16 日

序二

和大鹏一起看风景

建筑师的作品是建筑，建筑师所说的话也多与建筑相关。然而，由于关心太重，思虑过多，建筑师关于建筑的话往往言不由衷，真假难辨。

这是一本建筑师的另类作品。作者王大鹏，20世纪70年代生人，一位陕西乡党。除了用功做建筑，还喜好信马由缰地写些文章。文章由心而不刻意，记述的多是身边的事，以及身边的人。从北方到南方，从家乡到学校，大鹏的文字如同一列火车，带我穿过了他的家乡，穿过了时代，也穿过了我自己的故乡。

我欣赏《我的语文课》中那个随性的小学生，把我带回到童年课堂。让我不但理解了今天的大鹏，也让我看到了自己过去的影子。

我羡慕《我们不是一类人》中的李巨川先生。大鹏以素描的手法，将一位极具个性的教师呈现在我的面前。有这样的学生，老师也可不朽。

我喜欢《盖房记》中，大鹏围绕自家住宅设计，与父亲漫长的纠缠。这种纠缠、无奈与挣扎，不仅是大鹏，也是所有学习了西方建筑体系的中国建筑师，面对中国文化母体，以及中国现实的共同写照。

我们总是将生命忘我地投入到社会赋予我们的那个角色，却忘记了身边的其他风景。

几年前，因缘读到建筑家汪坦先生的书信集《1948 生活在赖特身边》。这是一个男人在动荡岁月写给一个女人的信，没有太多专业信息，也没有打算让别人阅读，但却让我掩卷沉思良久。我以为，即使没有所有建筑著述，仅此书信集，汪先生足以不朽。还是几年前，有幸读到哲学家赵越胜先生的回忆录《燃灯者》，这是一个失意者对老师的怀念。比起赵越胜在 20世纪 80 年代的激扬文字，这里面没有哲学，没有抱负，只有一位智者面对世事沉浮的从容应对。我以为，没有哲学，一本《燃灯者》，赵越胜足以弥目。

大鹏是一个喜欢东张西望的人，一个北方人生活在南方，却不忘对故土的回望，并保持对新世界的敏感。他是一位建筑师，更是一位五觉通灵的观察者，这是我喜欢大鹏的主要原因。

我不能说大鹏这本随笔比大鹏设计的建筑更重要，但是如果你要了解世纪交错的中国建筑与建筑人，了解一位乡镇青年成长为一名出色建筑师的传奇经历，大鹏的记述为你提供了一份真实而生动的时代文本。

西安科技大学建筑学院教授、博士生导师 刘克成写于长安

2017 年 3 月 25 日

自序

我们不是一类人

缘起"录像"

2012年春节前夕，李巨川老师关停了他的"重回录像厅"博客。今年四月份，他在武汉江岸区胜利街开了一家名为"快乐蜂"的录像厅，原本计划开业三周，只是后来由于警察的介入让录像厅提前三天关门，虽然关门时间有所提前，但是却为他的"录像厅"画上了一个圆满的句号。

20世纪90年代，西北地区的小县城因为录像厅的存在而异常的热闹和充满活力，高分贝的音箱轰炸着街上来往的行人，宣传板上红底白字的片名让人浮想联翩，老板娘还挤眉弄眼地说午夜有特别加映。那时我特别地渴望能走进录像厅，记忆中走进去的机会并不多，一是没有什么零花钱，二是父母认为只有街头的地痞流氓才出入录像厅，可是我对被厚黑门帘隔开的光影世界是那么的好奇与向往。记得我和几个小伙伴扒着录像厅后门缝看了几部录像，其中一部是台湾曾壮祥执导的《杀夫》，现在想来刚上初中的年纪根本就没有完全看懂，但是看到赤裸裸的男女镜头却是面红耳赤心跳加速，心绪久久难以平静。我在 1996 年离开了喧闹的小县城到武汉读书，本以为距离录像厅远了，没想到每个周末的食堂门口，都有人在散发片名诱人的录像传单——看一个通宵也就两块钱！我开始知道、认识李老师也正是通过"录像"。

我们那届建筑系就读的教工子弟特别多，军训刚结束就从这些教工子弟那里知道了"李巨川"老师的名字，并且还知道了他是个牛人、怪人。李老师前两年参加国际建筑设计竞赛获了奖，提交的作品竟然是"录像带"！这真是够牛够怪的。开学后远距离地看到过李老师——披肩长发、圆脸、圆眼镜，也就三十出头的样子，真正和李老师接触和认识则要到大二下学期了，在此之前好像听过他的讲座，内容已模糊不清，但是我至今特别清晰地记得李老师给我们第一次带设计课的情景。

第一堂设计课

大二下学期的设计课，老师把全年级分为五个小组，每组基本十个人。我分在了李老师带的一组，作业是做个多层住宅，深度竟然为"扩初"，他皱着眉头看了看"设计任务书"，直接提议我们这组改做"小住宅"，他说，"小住宅"最能传达出一个人的想法，至于"商品房"你们毕业去设计院有的是机会来做，结果小组的人都举手赞同这个提议，只有我没有举手。

我的反对理由是："小住宅"上学期我们刚刚做过，我对此多少已有所认识和了解，而"商品房"却几乎就没进去过（我大学之前生活在小县城，住的是农家大院），所以我想知道"商品房"到底是怎么回事，另外，我对"小住宅"最能传达一个人的想法表示怀疑。

李老师皱了皱眉头问：那你认为什么才能表达你的想法？我答：多了，比如写文章、画画、聊天等。他眉头皱得更紧了：那你为什么要学建筑而不学文学呢？我答：理科生却不喜欢数理化，于是就读了建筑学。谁知其他同学竟也附和了我的观点，说他们基本也不知道为什么要学建筑学，父母认为这将是个热门专业……他摇了摇头，什么也没再说，最后这一组里就我一个人在做"商品房"设计。

提交中期设计成果时李老师问我：你有什么想法？我答：这个户型是三室两厅，注意了通风，并且都是明厨明厕。他又问：你有什么想法？我：还注意了流线简洁，公共、半公共和私密空间的过渡。他继续问：你有什么想法？我心里发毛，难道这些都不是想法？……好长时间后我才答：多层住宅的特殊的地方是消除了以前传统住宅的"院子"，改变了居住方式，也改变了人们的生活方式，高效率带来了单调与无聊（设计调研时我进了几套商品房，对此算是深有体会），我想用新的入户形式来改变这个矛盾……他听了点了点头说：这算个想法，可你为什么图上没有反映出来？我说图纸只画了一半，另一半没画上，在两个单元连接处我想设计立体庭院，住户回家先是通过立体庭院再进房子。他听了说那你重做吧，这才是你要重点表达的地方。

大家最后提交的作业表现非常丰富，除了设计图，还有各种材料做的模型，记得一个喜欢动漫的女生设计的小住宅特别像"机器猫"，她用石膏做的模型放在一个大纸盒子里，盒子里还铺满了真草，那只"猫"就蹲在草丛中，远处翘起的尾巴竟然是信报箱！还有一个同学的作业竟然是用彩色粉笔画在黑色卡纸上的，感觉特别极了。之所以有这样的结果，因为李老师对"效果图"很不感冒，中期评图时他给大家讲不要把大量时间和精力花在"效果图"表现上，老师不是老板，你们可以根据自己的设计特点选取合适的表达手段，关键是要恰当地传达出你们的设计意图。可惜我最后提交的成果并不是很好，但是这次作业对我的影响很大，直到现在每每开始一个新的设计，我都会持续地问自己：你的想法是什么？

《天涯》海角

课间李老师经常和同学围坐在一起闲聊，他得知我喜欢读书，就问我喜欢看哪些书。我说文学历史之类的。他让我具体说说读过什么，我报出《穆斯林的葬礼》《平凡的世界》等（其实我那时读书很有限，小县城的中学能有什么书读呢？其实古诗词倒是读了一些，还在收音机上听了几十部评书，可看着李老师"前卫"的样子就没说）。他又开始皱眉头：这也算文学？我当时很不服气也很不理解。他说，韩东和朱文的书你可以找来看看。下次上课时他带给我一本《天涯》杂志——第一印象是牛皮纸的封面很特别！现在还特别记得四五个学者对大学教育的论述，让我知道了"人才"不是流水线上造就的"人材"，我复印了几篇自己喜欢的文章，还书时李老师问我感想如何，我谈了些自己切身的感受，并且希望能多看一些这方面的书。

我就这么跟着李老师走进了传说中的"深蓝公寓"，那时李老师还是单身，他把自己的教师公寓门窗、地面和墙都刷成了深蓝色，并且还在地上放了一台没有图像的黑白电视机，据说电视机开起来满屏的雪花点在深蓝的地坪上有下雪的感觉。我没有看到满屏的雪花，但是看到了满屋子的书，书架摆满了，地上到处都是成捆成捆的书，我惊讶地问：李老师，这些书您都看过了吗？他皱了皱眉头没有回答我。我临走时借了几本书，其中一本是关于当代艺术的介绍和评论，里面还有一篇李老师写的文章，谁知后来这篇文章给我惹下了"大祸"。

我在教室读书时被班上一位女同学看到了，她翻了翻说这本书很好玩啊，能不能借她看看。两个星期后她把书还给了我，里面有几页折叠了起来，我打开大吃一惊，李老师写的那篇文章被用红笔和蓝笔加了批注，个别地方还写着"狗屁不通！"并且还不解气地画着大红叉，几张书页也被撕破了！我的脸应该由红转白了，那位女同学得意地看着我说：你不要怕哦，就这样还给李老师好了，看看他会把你怎么样。

我去了武汉好几个新华书店都没有买到这本书，一个多月后李老师问借的书读的怎么样，我说已经读完，只是……他仔细地阅读了那些红蓝笔加的批注，边看边摇头：真是小屁孩，根本没有看懂就乱发表意见，你不要和这些人来往了……不，你还是让她来一下吧。我们三四个人来到了李老师住处，经过和李老师激烈的辩论，我们总算弄明白一些问题，那位女同学也对自己的冒失做了道歉，后来大家都成了"深蓝公寓"的常客。

在李老师那里借的一本小书印象很深，是三联出版社出的小开本白皮书，作者叫张隆溪，书名叫作《二十世纪西方文论评述》，我反复读了几遍，还做了大量的抄录。还书时我告诉李老师我在学校图书馆借阅了李泽厚的《走自己的路》，李老师说你可以再看看《美的历程》，他还提到了朱光潜、宗白华等人和著作，我后来就翻看了一些这些人的著述，只是读后要和李老师讨论这些话题时他并不怎么感兴趣。我还向李老师请教他对鲁迅的看法，缘起是我辅修大学语文时，讲课老师和几个学生都认为鲁迅太刻薄，而且太政治，没有什么文学价值，这让特别喜欢《朝花夕拾》与《故乡》的我很难接受，结果我表达我的疑惑却遭到了一致嘲讽。李老师听了皱了皱眉头说，不要再去上那些乱七八糟的课了，鲁迅是一个多么有趣的人，既然你自己喜欢就多看看他的书吧。

从大二认识《天涯》杂志后，还由此认识了《芙蓉》《书城》《书屋》等杂志，工作后一直订阅着《天涯》杂志，并且看着韩少功、蒋子丹、孔见社长的工作交接与延续。虽然工作越来越忙，很少有空像之前那样阅读《天涯》，但是出差时还是经常会在包里放上一本近期的《天涯》游走四方，我们是应该选择一条适合自己的路，哪怕是去天涯海角。

实验建筑

我报考建筑学专业的动机很简单——虽然高考选择了理科，但内心却不喜欢数理化，建筑学几乎是不用学数理化的理工科专业。当时填报志愿时发现建筑学系基本都要求"加试素描"，翻了半天招生简报发现武汉工业大学（现在的武汉理工大学）的建筑学专业竟然没有要求加试素描，结果如愿到了武汉，谁知开学不到一个多月就接连受到打击。报名缴费时就被告知建筑学专业要做好"加试素描"的准备，我当时就懵了，询问再三，学工部的老师道歉说他们工作失误在陕西的招生简报和录取通知书上忘记了注明"加试素描"的要求。

我在军训期间拜舍友为师，第一次开始练习画素描，大半个月后如期参加考试，不出意料的落选了，几经交涉无果，最后无奈地转到了结构专业。谁知在结构专业上了一个多星期的课程后，学工部有老师来找，说是今年建筑学专业要扩招，我和其他两三个同学的素描分数按扩招指标算是过线了，如果愿意回去读建筑学专业明天就去系馆报到上课，就这样我又回到了建筑学专业。

军训结束后第一次在系馆听了一个讲座，主讲的人叫向欣然（他当时是中南设计院的总建筑师，黄鹤楼的设计者），他刚从美国考察建筑回来，放了大量的考察照片，再三感慨后问下面听讲的有没有农村来的，他劝农村来的人最好还是早点转学别的专业，建筑学绝对不适合农村来的人。听到这里极其郁闷，要知道我转到建筑学专业才十来天啊！在遇到李老师前我一直在想我真的不适合学建筑吗？难道农村就不需要建筑吗？后来我就此事问李老师，他反问我什么是建筑呢？既然大家对建筑的定义都不统一，那就不要怀疑自己了。

李老师除了教设计课还带过我们的建筑评论，从他那里我们知道当时主流书刊上面基本没有提到的海杜克、库哈斯、扎哈、莉斯·迪勒等建筑师，他还详细讲了匡溪艺术学院和矶崎新的手法主义，并且较为系统地讲了实验建筑，并对一些代表建筑师和作品做了简要介绍，当时觉得这些人和作品都很难理解，距离我们很遥远。我在李老师家里见到了库哈斯那本比砖头还厚的《小、中、大、特大》，随后从同学那里看到了张永和的《平常建筑》，对张的书一读再读，就全部复印了下来，复印的书稿至今还躺在我的书架上。李老师建筑评论课考试只需提交一篇自己的文章即可，我告诉李老师我的文章题目是《自然与自由》，他很赞许，可惜文章提交后让他大失所望——那时我根本就驾驭不了这样的话题，只能就个人的理解写写感悟。

从李老师那里我知道了《今日先锋》《美术世界》等杂志，这让我对当代艺术和实验建筑有了一定的了解，李老师说实验建筑未必就是先锋的，即使所谓的"先锋"也仅仅是实验建筑的一个方面，实验根本目的不是为了先锋或者前卫。可是大家基本都把那些另类看不懂的艺术作品或者建筑归为"先锋"和"前卫"作品。不过，李老师自诩为建筑的"录像"作品更让人难以理解，他的实验建筑作品《都市住居1994》，获得了日本新建筑住宅设计国际竞赛三等奖，据说槙文彦专门对他的作品写了评语，竞赛作品竟然是与一块普通红砖生活一个星期的"录像"！他对自己的作品几乎不做讲解，有次课间闲聊我和几个同学请他务必解释一下为什么是"红砖"，他做了点简要的解释：红砖视觉上具有内敛性，尺寸大小和人的身体关系极为密切（砖的大小是为了工人最高砌筑效率而定的），一块红砖基本就是建筑的原型（水平摆放近似平房，侧着摆放如同板楼，竖起来则像高层建筑），可是现代建筑的发展却越来越远离人的身体，他与一块"红砖"生活一个星期正是要唤起身体的存在。他整整一个星期的日常生活中因为"红砖"介入会发生什么改变呢？我们看了他点烟时"红砖"被当作了挡风板、课间休息时成了坐凳、遇到土狗成了武器等剧照，我们看着剧照，听了讲解依旧似懂非懂——难怪他不愿意对牛弹琴啊。同样，李老师的《在武汉画一条30分钟长的直线》也让人难以理解。不过李老师写的文章论点独特，言辞犀利，相对要好理解一些，《光影与体量》《后现代主义、解构主义及其他》《拉维莱特公园及其他》《快让我在这雪地上撒点儿野》等文章都是脍炙人口之作。

那些格格不入的"实验建筑"和李老师的一些观点让同学们既困惑又好奇。他经常说，如果你们还靠惯性在学习着所谓的建筑，将来才可怕，传统意义上的建筑学在四五十年后就该死亡或者消逝了，大家都认为他耸人听闻，包括一些老师私下也说不要太受你们李老师的消极影响。大家都关切地问李老师如果社会上的人都像您这样才会很可怕——谁还来做类似"商品房"这样的工作啊，这个社会还怎么发展，因为大家都知道在所有的老师中李老师生活过得最潦倒，别人通过教书和兼职做设计基本都过上了小康生活，甚至在那时就买了车，而他却要借债度日。李老师会不屑地反问大家：你们见到像我这样的人有几个？能走的路有那么多，为什么你们就非要在一条路上挤得头破血流，你们应该试试不同的道路，最终才能选择一条适合自己的路……可惜那个时候大家对此都难以理解和接受。受李老师言行影响的还是有一些人，98届的同学显得比我们要活跃，印象很深的是两个女生提交的《无题》作业——竟然是一段录像！片子是在系馆拍的，内容是一个女生为另一个剪头发，但是两个人都没有出现在镜头里，画面中只有夕阳下的白墙上两个人的剪影和飘落的青丝……工作若干年后我偶然得知当年的两位女生现状：其中一个读了导演系的研究生，另一个嫁给了《小武》中的"小武"！

《今日先锋》杂志第八期刊登了国内实验建筑专辑，并且刊登了王明贤写的《中国青年建筑师实验性作品展始末》的文章，我们几个学生读了这篇文章后，颇为青年建筑师的实验建筑被"当代中国建筑艺术展"刷下而气愤——实验建筑为什么就不能在中国美术馆展出呢？我们为此找李老师征求他的看法，他说既然是反正统的实验建筑，为什么非要挤进正统的展览和殿堂？还非要得到正统的认可呢？今天写这篇文章时翻阅当期王澍《业余的建筑》、刘家琨的《前进到起源》等文章，依旧颇有感触，后来第十期的《今日先锋》杂志上萧默老先生登文对王明贤的文章进行了语重心长的回应和解释。我们旁观者未必就清，只是一晃十多年过去了，《今日先锋》已停刊多时，萧默也已故去好几年，今年王明贤推出了"建筑界丛书"第二辑。只是在每个甲方"务必保证五十年不落后"的设计要求下，我们整个国家几乎成了全球建筑的实验基地，而我们曾经鄙视的"商品房"身价却屡攀新高，举国之民基本都沦为房奴，所谓世事难料啊！

设计竞赛

　　我对建筑的开窍应该是在大三的全国大学生建筑设计竞赛，当年的竞赛题目是"建筑系学生夏令营营地"设计，这次竞赛特别之处是自拟任务书，并且自定选址，但是要求充分考虑夏令营结束后建筑的转换使用。那时全国建筑系的三年级学生都必须参加竞赛，每个学校抽选十分之一作业来评审，建筑界的"老八校"基本包揽了主要奖项，据说一些学校集中优势资源，甚至老师直接动手画图，因为这些奖项不仅仅关系着个人的荣誉，更关系着学校专业的评审。武工大一直与获奖无缘，大家只是把竞赛当作一个作业在做，也就没有什么压力。

　　我起初构思的方案是利用南方废弃的鱼塘往下挖，顶上再加木结构的坡屋顶，形成半地下的夏令营营地，因为鱼塘在城郊，夏令营结束后可以转换为乡村俱乐部，后来查阅资料看到有人做过废弃采石场的改造方案，感觉想法有些雷同就放弃了。后来又构思将夏令营建造在武汉的长江边上，建筑采用模数化的钢构架搭建，具有雕塑感的形式，其中一部分建筑为固定式，一部分为活动可扩展的，在夏令营时活动部分全部扩展开，夏令营结束只保留固定空间为市民提供休息服务，可惜怎么都做不出那种"雕塑感"的形式，于是再次放弃。再后来还想到利用一个单元模块组合形成夏令营营地的做法，只是设计创意又是什么呢？我在拷贝纸上不自觉地写下了"一生二，二生三，三生万物"，难道这就是建筑的创意吗？

我去找李老师讨论建筑到底需要所谓创意吗？如果需要又该是什么样的创意？我写的这句话算是设计的创意吗？李老师这回笑着回答：需要也不需要，你目前理解的创意只是个说法罢了，建筑的创意应该源自建筑本身，而非外在说法，如果创意来自设计本身那就一定需要创意，如果来自外在说法当然就可以不需要。当时我听得似懂非懂，后来读了张永和发表的《向工业建筑学习》，基本算是明白了所谓的本身与外在关系，只是能超脱在物质之外，赋予基本建筑以恰当的形式感乃至诗意的存在那是另一层境界与层次了。

作业还得继续下去，我最后确定的方案选址在东湖畔的坡地上，夏令营采用模块化拼装系统完成，所有建筑只有一层高，但是从入口到悬挑在湖面的平台会依次经过三四个庭院，这些庭院大小不一，因为地形高差向下会造成庭院空间高低变化，直至延伸到水面。之所以采用了这个方案，主要考虑夏令营结束后可拆除绝大多数建筑体量，保留建筑地板、少量屋顶和钢结构的梁柱构架，这样可以在湖畔树林中营造出适合漫游的亭、台、楼、阁，可观山听涛，也能感受风轻云淡。只是在我做出改造的模型后大失所望——模型怎么也表现不出那种湖畔林间漫步的感觉（改造模型怎么也体现不出大树下的感觉）。于是最后的改造方案就只保留了靠近入口临时停车场的一个构架单元，作为湖边停车后休憩的观景台，在设计文字中我还写道："将构架漆为红色，暗示着这里曾经发生过什么。"

那年的竞赛提交时间延长了半个多月，因为1999年的世界建筑师大会首次在北京召开，很多学校的老师都去北京参会。在老师回来距离交作业没有几天的时候我又想到另一个方案：可以租赁一艘大游轮，参加夏令营的学生从长江上游沿江而下，在船上可以上课、做模型、交流讨论，在甲板还可以进行体育活动，领略大好河山，在船停靠的城市可以参观考察建筑，领会风土人情，夏令营结束将租赁的游轮归还就可以了。我为自己的构想而兴奋，带设计课的老师却认为我在胡闹，我去找李老师讨论，他认为这虽然是解决问题的一个极好办法，但是和建筑设计没有什么关系。

竞赛作业在夜以继日的画图做模型中完成并提交，然后我倒头大睡直到饿醒，去南门"小香港"大吃一顿，投币测量了一下自己的体重——一个多月竟然瘦了整整十斤！不过开心极了——放暑假了！暑假结束开学又得到了一个好消息——自己的作业获得了全国竞赛佳作奖！

武汉观影

大学前生活的村子竟然有六千多人，几乎占了半壁县城，父辈村民由于不是商品粮户口，不少人过着半农半商的生活。我的父母也一样，他们除了务农，就在街上做着小生意，算是改革开放后第一批个体户。20世纪80年代初村子里电视极少，气象站、机械厂、药材公司等机关单位的食堂在晚上就变成了放映厅，《聪明的一休》《血疑》《霍元甲》《上海滩》《射雕英雄传》等无不印象深刻。随着时间推移，村子里电视越来越多，《恐龙特急克塞号》《神探亨特》《西游记》《再向虎山行》《绝代双骄》一路看过去，尤其是对新加坡《流氓大亨》《法网柔情》《天涯同命鸟》等电视剧印象极深。

那时的父母特别固执，他们认为看电视会学坏，既影响学习成绩，还损害视力，所以直到我考上大学那年家里才买了电视，于是这么多电视我都是挖空心思费尽周折才看到的，小县城和偌大的村子就成了我的放映厅，只是偶尔会吃闭门羹，经常晚归挨打是家常便饭，可是星月夜我和弟弟还是经常会翻墙而出。固执的父母却会两周左右允许我们去看一次电影，那时的大影院热闹异常，门口摆满了瓜子花生等小吃，电影虽然是彩色的，可我一直觉得没有电视剧好看。那时村子里老人去世安葬前都会放几部露天电影，条件好的还会放几场录像，小伙伴就经常奔走在各个村子田间地头，大家经常会拿一句"信不信我要看你的电影"来恶搞开玩笑。印象极深的是一个初春去看露天电影，加映的是动画片，一位老爷爷在采摘山药，一只梅花鹿在山涧蹦跳着，这时人家烧炕的青烟笼罩了镜头，画面在烟雾上竟然成了立体的，飘忽不定，烟雾中还散发着核桃树叶燃烧的浓烈气味，虚幻的光影和真实的生离死别就这么交织着……还有一部看了多遍的短片也是印象很深，大学偶然读到茹志鹃的《百合花》，才知道这部电影是由此改编的，后来还知道了茹志鹃是王安忆的母亲。

那个年代的武汉工业大学大抵是全武汉最生活化和最热闹的大学，东大门正对的是武汉汽车工业大学，再过去是华中师范大学；南面隔着"小香港"（一条挤满了餐饮、录像厅、二手书店的街道）是学校的南区；西面是湖北工学院和啤酒专科学校；北面正对的省妇幼保健医院，斜对的是武汉测绘科技大学，再过去就是武汉大学。这些大学之间分布着小区、书店、影院、医院、出版社和大量的餐饮服装店等商业，并且这里还有着电子一条街和一个在全武汉都很响亮的名字——街道口，它与中南路、司门口一起并称"武昌三大商业中心"。我就是在这样的环境中生活了三年才第一次去学校礼堂看电影，记得那天舍友比我还激动，他们惊呼我绝对是朵奇葩，今夜算是要破处了。

现在想来的确有些夸张，大学之前自己那么热衷于看电视、看电影和录像，而到大学三年除了在宿舍偶尔看看古惑仔、周星驰之类的碟片外，竟然没有去看过一场电影和录像。因为那时觉得很落寞，曾经和小伙伴在月黑风高之夜看电视电影的场景感再也没有了，曾经一起翻墙的弟弟也在我高考一年前死于一场意外事故，而且我真的没有觉得看过的电影有什么特别的。李老师对电影可以用痴迷来形容，他自己还拍了不少录像短片，我问李老师为什么电影都不好看，他瞪了我一眼说：那是因为你看的都是烂片！

大三下学期的一天，李老师交给了我一个任务：简单设计一张放映海报，张贴在学校食堂门口和系馆里，要放映的片名是《精疲力尽》和《一条安达鲁狗》，从那天起我知道了戈达尔和布努埃尔，当时电影是没有看明白，不过用剃须刀割开眼皮的镜头一下子让人惊醒至今。后来在《南方周末》的评论中我才知道自己在不觉中参与了"武汉观影"的创建，因为放电影通过李老师还认识了史文华先生，那时他年龄也就三十来岁，走路有点瘸。

"武汉观影"活动随后迁移到了湖北省图书馆的报告厅，后来又迁到了洪山商场的一个放映厅，每周五会在《楚天都市报》上刊登周日上午放映的片名和简介，在网上还有观影论坛。电影开始前热心的史文华先生会发放油印的影评，放映结束还会组织交流讨论，而且所有这些活动竟然都是免费的！我就这样开始了自己的观影之旅，在这里我看了侯孝贤的《冬冬的假期》《风柜来的人》《恋恋风尘》和《悲情城市》等，杨德昌的《麻将》《牯岭街少年杀人事件》，李安的《喜宴》《推手》和《饮食男女》，费穆的《小城之春》，田壮壮的《蓝风筝》……当然大量的是国外的影片，塔可夫斯基、安东尼奥尼、伍迪艾伦、库斯图里卡、伯格曼、阿巴斯、小津安二郎、北野武、岩井俊二、今村昌平……特别喜欢越南籍导演陈英雄的作品，《三轮车夫》里面那种难以言说的湿热、欲望、愤懑与狂躁在街头川流不息的摩托车声中缓缓呈现，并且透过树叶隙缝的夏日阳光，淡化为了一幅幅精致静谧颇有诗意的画面。

周日的早晨，大家花两三块钱叫上一辆"麻木"（电动三轮车在武汉的别名）去看电影成了惯例，经常同行的还有班上几个女生，后来师弟师妹也加入观影阵容。史先生在观影活动开展不久后赴美读书（网上查了一下，史先生现于美国教授影视艺术，并且拍摄了多部影视作品，今年五月份李巨川老师在武汉还策划举办了"史文华实验电影展"），"武汉观影"在我大五毕业时还在继续，据师弟说在我们毕业的那年秋天观影活动终止，我们算是有福了。

除了去放映厅看电影，同学们受李老师影响还会通过各种渠道淘碟片观看，记得很早就看了《阳光灿烂的日子》《大话西游》和《小武》等碟片，其中一些碟片还是没有封面翻录的。还有人在音像店租到诸如《百老汇上空的子弹》《花火》等就不再归还，直到传播看坏为止。我也是在大学开始淘碟，一直淘到工作十年后儿子出生，总觉得自己或者儿子应该有侯孝贤镜头下的那么一个假期，于是儿子的乳名就被叫作了"冬冬"。

值得回味的是首末两次观看的电影，现在想想似有天意。我和舍友第一次去看的电影是《樱桃的滋味》，同行的还有班上一位川妹子。大热天我们走错了路，等找到地方时电影已经在放映，而且没有位子，我们三个人大汗淋漓地站在最后一排看着一辆吉普车在红色的山坡上绕来绕去，很长的时间都是两个人在对话，就这样我们站着看完了片子。出了放映厅，几个人起初沉默不语，就看着法国梧桐下的斑驳光影，身上的汗也消了，突然异口同声地说"真牛逼啊"！工作若干年后我独自再看这部碟片，却没有了那次大汗淋漓的观影滋味。我在"武汉观影"看的最后一部影片是北野武的《坏孩子的天空》，出了电影院，在武汉的大太阳下却是那么的惆怅，别了我的大学，别了我的青春，行李早已打包分别寄回老家和签约的单位，三天后几个观影的好友一醉辞江月，从此各奔东西。

我们不是一类人

记得大四在学校看到一张李老师讲座的海报，下面赫然写着"门票五元"，一时闹得沸沸扬扬。我午饭后就去找李老师，问他是不是被人出卖了，他说这是他的意思——他很反感那些为了凑热闹来听讲座的人，"门票五元"可以把这些人拒之于外。原来如此，后来在讲座入场时并没有收取门票，那天到场的人的确不多，但是氛围却比之前的要好很多。

学校有一次举办了个国际建筑文化交流的论坛，几个比较有影响的国际大师先后做了发言报告，在交流讨论环节李老师待了一小会就离场了，这让我们有点失望，还希望他能和大师碰撞擦出火花，带给大家更多的启发。改天我问他离场原因，他说那些大师也是人，并且是外国人，可是大家所提的问题要么是连上帝都难以回答的问题，要么就是中国的建筑的出路如何如何，这怎么看都是在缘木求鱼！他的回答让我后来对那些貌似宏大的话题都持着怀疑和谨慎的看法。

1999年5月8日，美国轰炸了中国南斯拉夫的大使馆，当晚武汉高校数十万大学生走向街头进行了大游行，事后同学们问李老师怎么看游行。他有点反感地说你们这哪里是在游行，多少人是牵着女朋友的手在压马路？多少人是没有搞清楚事情来龙去脉就跟着瞎起哄？我想想好像的确如此。还有一次我和舍友去看朋克演出，据说一个乐手还是李老师的学生，李老师知道我去看了演出就问我是否真的喜欢这类音乐？我回答说不喜欢，他说那你就不要跟着去掺和，反叛不是无缘无故的，而且是有一定的对象，即使反叛每个人也都应该选择适合自己的方式。

李老师在学校是那种特立独行、让人敬而远之的人，他也很少主动讲述自己的作品和思想，我听过他两三次讲座，也是听得稀里糊涂，远没有私下闲聊有意思，和他闲聊我基本都是带着问题去的，即使当时没有弄明白，若干天后却突然会有贯通的感觉。现在想来在当时的环境中一些事情是没有必要说得太明白，因为不明白大家还能敬而远之，真的弄明白了估计连远之的余地都没有了。

李老师是建筑系里唯一不愿意带研究生的副教授，一是他散漫惯了怕麻烦，二是他认为研究生基本都很无趣，还是喜欢和本科生交流，但是他的名下每年都会挂着别的老师带不过来的研究生，记得有几个他义意上的研究生很想一睹李老师的"深蓝公寓"，可是直至毕业几乎都没有跨进公寓的门。我算是比较幸运的人，在周末上午稍晚点（李老师是夜猫子，上午起床很晚）经常会去敲他公寓的门，时常会碰到他光着上身穿着大短裤的情景，他打着哈欠拉开门说进来吧。我独自在书堆中浏览他又新买了什么书，李老师则在洗脸刷牙，然后点了一支烟坐在床头，我的几个问题问完了就成了沉默，特别的压抑难受，以至于我当面对他说：您这里的空气是固体的，让人难以呼吸。他经常会对我："那你最好不要来或者少来，我们不是一类人，也许会对你的将来产生不好的影响。"我告诉他我来这里是练习肺活量的，何况我早已是成年人，会为自己负责的。

大五系里有几个保研名额，我的综合成绩还不错，加之竞赛获奖，自以为保送问题不大，谁知又是考快题又是面试的折腾，最后报送未果，这让我很受刺激，最后决定还是要考本校的研究生——如果考上了在学校能多待两年，继续可以和李老师聊聊天。在复习备考阶段我得知那年学校的建筑史由李老师来命题，有外校备考的人找我（不知道他们怎么打听到我和李老师走得比较近，还打听到李老师是个"烟鬼"），他们说可以买好烟，希望由我送给李老师，多少可以弄点题目出来，我一口回绝了他们。记得在冬天阴冷的自习室里，班上一个女生找我，说是李老师喊我去他的"深蓝公寓"。

"你知道今年我出题就故意不来我这里了吗？"我刚进门李老师劈头就问。

"是这个原因。"

"真是个小孩，考研本来就是一个过场甚至是个游戏，你还把这个当真了？你以为你不来这里就保证了清纯？你以为这样就很公平？"

"不完全是这个样子，如果我两个月前知道您今年出题，我就不复习建筑史，好集中精力对付英语了。"

"哦，这样说你复习的很好了，那我问你几个问题吧。"

李老师随口问了我几个问题，我都是对答如流，他挥挥手说回去复习英语吧。那年我考研总分超出了四十多分，结果因为英语差两分而落榜。成绩出来后李老师对我说，早点工作未必就是坏事，一些事情你真的想了解想知道只是迟早的事情，你不愿意知道了解的事情就是发生在身边又能怎么样呢？每个人根本的问题最终还是要自己来解决。

2001年夏天，我毕业北上大连开始工作，2003年前后，李老师也离开武汉去南京大学执教，虽然从此天各一方，我们也基本没有什么直接联系，但是他的情况我约略都知道，他的作品基本还是以录像的形式呈现，探讨着时间、空间与身体的关系。其中，2003年李老师在广州做了《一条穿过广东省美术馆的红线》的装置作品，在建筑网站引发了大量的讨论和关注，这让我意识到日常设计中貌似无可置疑的"建筑红线"，有些时候甚至多数时候其实是很无厘头的，如同一些不可置疑的公理其实背后却是虚妄和荒诞。李老师发表的文章不多，我这些年只看过《建筑师与知识分子》和《南大教学笔记》，但是一读再读，颇有感触。2007年，李老师因为种种原因离开南大回到了武汉，其实武汉这个没有中心的城市似乎更适合他。

现在清晰地记得 2001 年夏天毕业离校的前一天，我和四五个同学请李老师吃饭，这应该是我和李老师第一次也是唯一一次吃饭喝酒，氛围很好，大家聊了很多东西。李老师调侃着问我："有一些同学说我害了你，明天你就要离校了，我真的害了你吗？"看来李老师很在意这件事情，我告诉他我在"深蓝公寓"里肺活量练大了，根本不在乎这些说法，我有我的判断和取舍。我反问李老师："您经常不是说我们不是一类人吗？那您看看我到底是哪一类人呢？""你是哪一类人需要你自己去寻找，前提是你必须是你自己！"

李老师的口头禅是"有趣""好玩"与"无聊"，如今回想往事，虽也清晰与深刻，却与有趣与好玩差距甚大。李老师绝对不是个"无聊"的人，只是当年我的学识有限，加上性格内向，行事刻板，所以我回忆中的李老师也就显得不怎么"好玩"，但这却是我当时的真实感受。有教无类，从初识李老师算起至今已快二十年，谢谢您那句"我们不是一类人"，也感谢您没有刻意把我变成某一类人，虽然我今天也时有困惑，甚至也不能清楚地把自己归为某一类人，但是我清楚地知道着自己的存在。

2016.7.3 写于杭州
7.6 再改于西安

盖房记 | 第一章 西北偏北

（一）

八百里秦川自古富饶，而在过去多数关中人一生却就办三件大事：结婚、埋葬和盖房，尤其在农村和乡镇更是如此。其实三件事中前两件被动性很强，相对来说盖房是当事者最为主动性做的一件大事，所耗时间、财力及精力可谓巨大，对多数人来说就是一生心血与梦想的体现，能力不及者一生盖不起房，最后带着遗憾而去。

儿时的记忆中，村子里还有一些由夯土墙或者土坯砖围合而成的房子。建造这样的房子成本很小，材料就是遍地的黏质黄土，有财力的可在黄土中掺点石灰增加硬度和防潮性，而屋顶多是用粗细不一的椽子搭起，然后铺上一层苇席或者麦秸秆，再拌上泥巴，成本最大的是屋顶的瓦，多数都是小青瓦，后来渐渐有了红色的机瓦。房子室内墙壁多是用拌有粉碎的麦秸秆或麦糠的泥浆拌灰，讲究点的再掺点石灰。经济能力稍好的人家盖房子，会先在沿地二尺高砌砖基础，上面再用土坯砖，这样的房子内外都比较平整，而且防潮性大大提高。从屋顶露明的椽头材料及粗细即可判断一户人家的殷实程度，如果哪家用了椽头比较粗松木椽子，这会让邻居既羡慕又嫉妒。土坯砖的外墙耐雨水冲刷性很差，一般都要用拌有麦秸秆或者麦糠的泥浆来抹灰，由于泥浆中有零星的麦粒和草籽，夏天因为雨水多房子外会罩上一层"绿衣"，有时狗尾巴草竟能长大结籽！记事起见得最多的基本是用砖头盖的房子，再后来还有了白瓷砖。

记得当时村子里媒婆在介绍男方家境时，除了说新盖了几间房外，"一砖到顶"是语气加重且反复说的，如果再有"松木椽檩"，那这婚事的成功率就极大了。砖头是黄土煅烧的结晶，一直很受重用，除了砌墙砌柱外，砖雕则是一项工艺活，村子中的老屋或者祠堂的砖雕让后来的盖房者羡慕不已，只是这已经是可望不可及了。除了特别费工成本高的原因，更重要的是几乎再找不到能干这活的工匠，一般的做法也就是把砖头锯开，做些三角形、菱形的简单图案罢了。

陕西八大怪中有一怪是"房子半边盖"，这在其他民居形式中的确很少见，而对于这一怪似乎还没有见过合理的解释，我以为这是有不少实际原因的。以前农村盖房先盖偏房（厢房），因为偏房的房脊墙可以当院墙节省材料，后盖的一家可以贴着前盖的房脊墙再盖，这样后盖房的也可以节省一面墙的材料，当然为此也常常闹纠纷。一般来说这堵墙是共用的，这样一来两个半边房合起来屋脊就成了人字形，而有实力盖上房的人就不会盖"偏厦"（半边房的当地称呼），而是直接盖人字形屋脊的"拱脊房"（上房的当地称呼）。还有说法是半边房可以保证"肥水不流外人田"，其实更多原因是因为黄土高原缺水，农家院子里基本都有水窖，半边房的确利于收集自家雨水。

以上这些房子我几乎没有住过，因为从出生到考上大学一直住在窑洞里。家里院子很大，六个窑洞呈 L 形布局，据奶奶说那是解放前的事了，因为县城搬迁，我们家也随着搬迁了。现在我家距县中学也就两百多米，这点很重要，因为这决定了我的活动圈子，也影响到后来我家盖房的布局与形式。

（二）

本来住窑洞也没什么不好，何况冬暖夏凉是不争的事实，尽管通风防潮上是不太好，可家里的窑洞有三个是朝南的，而且进深又浅，但窑洞总让人觉得土气。随着经济的发展邻居纷纷盖起了房子，先土后砖，再后来还有了白瓷片，有的还会贴上"迎客松""耕读传家"之类的字画瓷砖。喜欢出人头地的邻居总是希望自家的房子能高过别人，但是最风光的还是那些鹤立鸡群的小洋楼，尽管现在看来十分落伍。春娟（我的小学同学）下午放学在她家二楼走道看书写作业的样子，好长时间成了大家眼里的风景。

邻居盖房时都暗地里较着劲，比赛着房子的开间与进深

关中典型的窑洞　　　　　　　　　　　　　　地坑窑洞

尺寸，尤其是高度和用料，可对于还没有盖房的却常常调侃："老王还不盖房啊，就不怕钱发了霉？"太小的时候对这些没有什么感觉，可上了学随着识字读书知道了什么是"文明"和"先进"，我和弟弟就开始对家里现状渐渐不满了，也会常常问父母："咱家什么时候盖房啊？军练家都盖房了呢！"因为军练家在我们眼里算是穷的了，其实盖的也就是半土半砖房。父母每次回答都说快了，后来烦了就说不盖了，这让我和弟弟很失望。有一段时间我常常在半夜里醒来，银子似的月光透过窑洞顶上的天窗眼在弧形墙壁上拖出了白亮亮的一块光斑，墙上泥草抹灰的纹理清晰可辨，月走云移，墙上的亮斑也在滑动。我可以在泥草墙的纹理里真切地看出"马""牛""蛇"等图案，早上起来要告诉弟弟时却遍找不见。

土地承包到户后，父母农闲就在县城的街上做起了小本生意，好在那时卖东西的人很少，多少还是赚了点辛苦钱。那年大兴安岭的火灾让我家的盖房有了转机，由于火灾异常的大，抢伐的木材在西北有一个集散地，父亲竟去邻近的省城买回了两卡车木料，"真是好东西啊！"——围观的乡亲邻居赞声不断。父亲从运回的木料中精选了一半卖掉了一半，这样一来我们家虽还没盖房，却已先声夺人了。"大兴安岭"——这个在小学课文中知道的地名一下子变得如此亲近。这批木料在院子里码了起来，谁知一码快十年，结果一大半因长时间受潮最后不堪大用，奶奶为此很难过，不止一次地说"造孽啊！"之所以没有物尽其用也是父亲的"长远打算"造成的，父亲曾对我和弟弟说：盖房子还不是给你们结婚用？现在房子盖好等你们娶媳妇时都旧了，而且盖房至少要耽误一年的生意，再说花的钱存在银行的利息过些年都值这些木料了。对这些我和弟弟当然都不明白，总之又陷入了无尽的失望中。好在这样一来我们被允许可以常去电影院看电影，这让我和弟弟的好奇心和虚荣心都得到了极大的满足，谁还再关心什么时候盖房子呢？

家里院子很大，分为前后院，还有两米左右的高差。院子里树木繁茂，树下花草丛生，我和弟弟曾数出了近二十种树名，多数为桃、李、杏、苹果、柿子等果树，也有白杨、梧桐、刺槐等。大的杏树我和弟弟合起来都抱不住，奶奶对每棵树的来历和栽种时间如数家珍。天气好时，奶奶就在院子的核桃树下描画剪纸，亲戚邻居家结婚嫁娶时门窗玻璃上少不了她剪的窗花。我小时候则用薄薄的白纸蒙在奶奶剪的窗花上描绘涂画，这让她很高兴，只是她从不让我学剪纸，常常说："男娃学这东西没出息，你结婚用的窗花奶奶早给你剪好了。"可惜她没有等到我出息的那天，我结婚时她已故去近十五年，当年剪的窗花也早不知飘零何处。

在课本学到鲁迅先生的《从百草园到三味书屋》和郁达夫的文章，感觉异常的亲切与自然。记得读《故都的秋》正是中秋，我的书桌在窑洞依窗而放，黄灿灿的阳光将窗格子印在桌面、墙壁，透过这木窗的小方格子，枣子在深蓝的天空下红得发亮，斑黄的枣叶却是飘落无声。再后来读苏轼的"花褪残红青杏小，燕子飞时，绿水人家绕"也很有感触，因为我在院子的杏树上吃着青杏看完了不少小人书。树木绿了黄了，在这窗下我完成了中学学习，曾经平淡平静的生活现在感觉却是那么的美好和遥不可及。

高考结束填报志愿时我却犯了愁，自己读的是理科，却从骨子里不喜欢数学和物理。后来，读过"给排水"专业的舅舅建议我可以填报"建筑学"专业，说是这个专业基本不学数理化，而且将来工作特别好找。就这样我填报了"建筑学"专业，盖房子竟成了我的大学专业！这让家里盖房子的事也有了转机和"专业"的参与。

（三）

在大学刚开始上"初步设计"课时，老师一张口就说："建筑学不等于盖房子！"又在黑板上写下了architecture、building、construct等英文单词，然后逐一解释。最后半年过去了，我们也没有几个人能说清"建筑"到底是什么又不是什么，但是大家越发地感觉到了这个专业的神秘与神圣，我们常常会为校园里那些理工科甚至文科的学生感到可怜，他们怎么就读了那么平庸的专业呢？

　　1997 年，大一的暑假。一天早上我正在看着《建筑空间组合论》，却被父亲叫了过去，他表情庄严地说是要和我商量一下盖房子的事，这让我一下子感受到了"知识的力量"（而不是自己长大的感觉）。他用商量的口气问我对家里盖房子的看法，我马上接过话来说："房子不等于建筑，建筑学也不是学习盖房子。"就这一句话让父亲怔了老半天，我看他不明白就接着说，建筑要讲究空间组合，而空间才是建筑的根本，我甚至背出了老子的"有之以为用，无之以为利"的论述，这回父亲不仅仅是怔了，简直是惊慌，不知道他当时是为他的"无知"还是为我的状态惊慌。还是父亲说了他对房子的一些设想，他说他看不惯左邻右舍在房子下面设的好几级台阶，"咱们这里雨水又少，根本不需要设这么多台阶，咱家盖房子就不设台阶"。这回轮到我惊慌了，我告诉他建筑分三段，分别是台阶、墙身和屋顶，并翻出故宫的图片给他看，如果没有这些台阶，故宫就不成故宫了。父亲却一口咬定："我和你妈以后上年纪腿脚不便，万一上下台阶摔个跤怎么办？"基于此，他更是不准备盖楼房，说是家里院子大，要盖也只盖一层。"盖一层？！"我更惊慌了，我告诉父亲一层的房子没有"空间组合"，也没有了空间流动与渗透。

这次谈话不欢而散，最后父亲说："没想到盖个房子还要这么麻烦，咱就先不盖了，将就着住吧！"

临开学要离家时父亲才对我说："到学校还是再想想家里房子怎么盖吧，能画点图最好，不明白的地方多向老师同学请教。"我真是哭笑不得，可喜的是父亲还是让我"设计"家里的房子了，可气的是就这几间房子还用向别人请教？！建筑学啊，你是这么可怜？不被人理解到如此地步。

这一学期设计课做的就是"小住宅"设计，通过老师讲解和调研分析领略了"小住宅"的魅力，毕竟几个国际大师的代表作都是小住宅啊！中途评图时，我被系主任的一句话打击惨了，当我信心十足地给他讲完自己的设计构想，并一一摆出了草图，没想到他只说了一句："这空间怎么感觉像窑洞啊！"这让我在武汉这个火炉里感觉一下子掉进了冰窟窿。后来才知道他了解我们来自全国各地，他还说来自内蒙古的同学做的设计像"蒙古包"呢！在课余我动手画起了家里房子的图，挑空二层的客厅，宽大的阳台，别致的老虎窗，让我最遗憾的是对壁炉的设计，在壁炉前喝茶享受黄昏的时光是一件多么惬意的事啊！可惜老家的生活中从来就没有这个东西，我自己也没有见过，见过的倒是小时候奶奶熬茶时用过的"红泥小火炉"。

虽然坐了一天一夜的火车，可刚到家我就向父亲摊开图纸，滔滔不绝地讲了起来。这回父亲有点心动了，他说："你讲的这个夹层还是有点意思，咱们这里的确没有人这么做过，还有阳台也很好，可以看看花草，天气好还能晒晒太阳。"这让我很得意，只是父亲问我盖这样的房子大概要多少砖瓦？还有墙上的线脚怎么做？客厅跨度太大预制板跨度不够怎么办？这些问题让我很为难，我告诉他建筑学不学这些东西。他又惊慌了："要读五年的专业怎么会不学这些？那你们都学些什么？"我罗列了一大堆专业课名称，父亲听了说："那还是找你表哥再商量商量这些事。"我的一个表哥在做泥瓦工，帮别人盖了不少房子了，加上我的讲解他勉强看懂了图纸，只是建议客厅中的柱子改成圆的，这样没有棱角不会磕着人，还有老虎窗可以调整一下形式，这样好施工对防水也有利，这让我很尴尬（表哥才初中毕业），父亲显然对表哥的建议很满意。

假期中和父亲对盖房子的事又谈了好几次，他对如何处理窑洞和院子中的树木感到很伤脑筋。"窑洞嘛，能推平就推平，这样院子会更大。树能留的就留下，不能留下的挖掉算了，空出地来弄个大花园，多养些花草。"父亲对我的建议没有表态，他只是说："树都这么大了，你奶奶活着可是连个枝丫都不让砍啊！还有窑洞推平的话，土方量太大了，额外需要一大笔钱。"又是临开学时，父亲才说："这两个问题你回学校再考虑考虑，这可关系重大啊！"我却觉得这算不了什么问题，只要设计的房子盖成了，一定让父母和亲戚邻居刮目相看的。

新学期里又接触了不少新的东西，反复思考后觉得窑洞应该保留下来，这毕竟是爷爷奶奶还有自己都住过的地方啊。还有这些树，几乎每棵都爬过，摘青杏采桑葚的事还历历在目。于是又另起炉灶，设计了另一个方案，尽量不改变家里现状！新盖的房子分成好几个"盒子"，穿插在树缝里。我怕父亲用前一方案开始施工，就用快件把新的设计图纸寄回家，结果父亲回信说这个想法一点也不好，一是新盖的房子过于分散，使用不方便；二是在树荫下很难晒到太阳；三是花了这么大的代价却好像没有盖房，这让亲戚邻居会笑话。看到这些莫名其妙的理由简直让我"愤怒"了，我对家里盖房子的事失去了兴趣，回家也不再去问，父亲也不再提起盖房子的事。就这样又过了一两年，等到父亲再次和我商量盖房子的事时却着实让我吃了一惊，原来他"沉默"的这段时间果真另有打算。

（四）

大学要毕业的那个夏天，父亲又和我商量："盖房子的事再也不能拖下去，你马上都要工作了！""嗯"。我没什么事似的应了一声。"眼下生意很难做，我和你妈身体状况也不是很好。咱家院子大，可以多盖点房子用来租给县中学的学生，隔壁你大伯家每个月的房租能收四五百元呢，快够一个月的基本生活开销了。"这个想法虽然和以前的相差太远，但我还是很快接受认同了。于是在去公司报到之前在家里赶着画出了图纸。这次方案是用院子组合的，并保留了五个窑洞和一些老树，出租的房子单独为一个院子，这样和自己住的院子互相干扰小又方便管理。父亲对这个设计很是满意，只是他再三强调"头门"（我们老家对院子大门的称呼）一定要好好设计一下，这个我也赞同。

等我要去上班时，父亲已经开始买砖备料了。现在他最担心的是找不到合适的工匠，这是他几年来一直担心的。的确我们这种地方给农家盖房的工匠手艺实在不敢恭维，而县城正式的施工队对这些小民宅又不屑一顾。而我对这些很不在意，我安慰父亲："就一层的房子，何况总体布局已定，房子盖的过得去就行了。""你就放心去工作吧，工匠我再想想办法。"走出家门，我忐忑不安地走上了工作岗位……

在不到两个月的工作中我认识到了现实与理想的差距。这时父亲又打来了电话，他十分急促又果断地说出租的房子要盖两层的，希望我能尽快修改一下总体布局。我什么也没说，好像早料到会这样，很快地调整了设计。由于投资和使用要求限制，所以设计得也尽可能简单，但我还是对它充满了感情，想想自己中学临窗对着院子读书情景就激动。

对于建筑材料我极力说服父亲去定制一批青砖，现在到处都是机制的红砖。最大的分歧是对楼梯间要不要做成露天的，父亲认为就两层楼，做成露天的很省材料，自己又不使用，何况周围邻居自己用的楼梯还是露天的，我却坚持楼梯不能做成露天的，何况我的设计支撑点就是对楼梯间和另一端一间房子的特别处理。后来我在一层楼梯休息平台下加做了储藏间，又在二楼楼梯上空加了几级台阶，做了一个小房间，这样一来就实用多了，父亲才同意不做露天楼梯。房子快完工时，父亲打电话很兴奋地告诉我整体效果很不错，已经有不少邻居来参观，认为房子盖得很特别。并且他说青砖都是手工的，很平整，效果都超过白瓷片了，这让我也很高兴，就盼着早点过年回家。

回家的那天下着大雪，远远就看到了两层的青砖楼，既熟悉又陌生。总之家里全变了，曾经的前后院没有了，院中树木也所剩无几。我几乎质问父亲：不是说好保留那些老树吗？他说开始是想保留的，可是真正施工时才发现进出很麻烦，工人说施工也会碰到树根，留下恐怕也活不了，于是就挖了。我一言不发，兀自看着那码在院子角落的几截木头，难道这就是我儿时爬上爬下摘青杏的老树吗？鼻子一下子酸酸的。父亲拉着我看新房子，他对施工质量还是很满意的，我却发现房子很别扭，对外的两个面是青砖，朝内的两个面却是红砖。父亲说："朝里的两个面很少有人看到，就用红砖对付好了，红砖的价钱还不到青砖的一半！"我问他这样一来可以省多少钱，父亲想了想说："快两千块吧！"我脱口而出说："不就是两千块钱嘛，弄成了现在这个阴阳脸！""不是钱多钱少的问题，能省就省，现在这样不是很好吗？"现在房子盖成好几年了，原定青砖墙要用白水泥勾缝的，几次回家我表示自己找人来做，却都被父亲阻止了，他认为压根就没这个必要。

对窑洞的处理，父亲有两个打算。一是将窑面用砖全包起来，这样刮风下雨就不怕泥土流失，窑洞里面再用石灰砂浆粉刷，门窗多用玻璃解决通风采光问题；二是他担心这样花钱太多，想将窑洞暂时废弃，何况盖了新房自己也不会住窑洞。而我一再坚持窑洞要处理一下，在同一个院子这样荒弃着让人难受。最后的焦点问题是自己要住的几间房子怎么盖，开间、进深还有檐柱大小父亲都一一道来，显然他对这个房子已经成竹在胸。我建议外墙还是全用青砖，这样既耐看又和出租的楼可以统一起来。"统一？为什么要统一？那个楼只是用来出租的啊！""那打算外墙用什么材料？""瓷砖！"我一听坚决反对，他说他买的瓷砖很别致，和邻居的白瓷片不一样，并且还买了琉璃瓦和青灰色的筒瓦，我一听立刻就崩溃了。"这不是要盖庙吗？这样还不如不盖，就把窑洞装修好住着，不更舒服？！""你长大了，翅膀硬了是不是？这房子反正你也不怎么住，一年就回来一次，首先就得我和你妈满意，你有想法将来自己盖房子再去实现！"我简直无话可说，春节就在冷战中结束了。临走时父亲又和我商量，他觉得用琉璃瓦是不大合适，可材料已经买了怎么办啊？他还是让我再想想办法画些图纸。毕竟是父亲啊，他为此可以说准备了大半辈子，要是盖的房子他自己都不满意，设计的再"专业"又有什么意义呢？我答应回公司再整体考虑一下，画好图纸寄回家来。

要画的图其实很简单，也就是给父亲做个备忘录罢了。

因为他对开间进深都定死了，包括柱子大小甚至连贴柱子的瓷砖都买好了。他曾问我方柱子边上怎么防止磕碰？我说已经用面砖包边了啊。他不满意地摇了摇头："不是怕碰坏了柱子，亲戚邻居的小孩还有将来我的孙子碰到柱子角怎么办啊？"

工作太忙，加班已是家常便饭，整整一年都没有回家，家里盖房的事都是和父亲用电话沟通的。终于到了年底，忐忑不安地回到家，窑洞外面砌了一层结实的红砖，几个洞口还没处理大张着口，远看犹如古城墙的门洞一字排开。令我哭笑不得的是窑洞正面出挑了一个檐子，而且盖上了朱红色的琉璃瓦，两个窑洞之间加了壁柱，在柱子收分处还摆放了雕刻很粗糙的小石狮子，而自己要住的那一排房子却没有动

老家窑洞前的壁柱与石狮子

被绿化覆盖的院门　　　　　　　　　　刚竣工的院门

工。不等我说话，父亲就问效果怎么样？他说远近来参观的乡亲可多了，别的县的人都有呢。问及为什么自己住的房子还没有盖时，他说找不到合适的工匠，怕糟蹋了材料。对此我无话可说也无能为力，只盼着这场"运动"早点结束，年没过完就被公司催着回去加班了。

（五）

在公司又接到父亲的电话，他说是"头门"要让我好好设计一下，坚持要把买来没有用掉的筒瓦和瓦当用掉，还有窑洞的门窗形式也要考虑一下，并说他去陕北看到别人的窑洞口木格上刻的灯笼、五角星啊如何的漂亮。对于"甲方"的意图我慢慢不再抵触，何况抵触也没有用。于是查了一些资料，又根据家里的实际情况，画出了大门的样式，效果还差强人意，考虑到施工的水平，于是按自己的"经验"交代了不少施工步骤，窑洞口的门窗设计连具体尺寸都没有，就

老家石砌的花坛

院子中的一串红

根据照片上的比例目测来设计。同样考虑到施工水平，把木格子上装饰的灯笼图案直接打印成了1：1的图纸，告诉父亲可以让木匠直接贴在木板上刻凿，至此家里要画的图终于画完了。

最后的图纸父亲很"满意"，看来我对"甲方"的意图领会也越来越深刻了，离成功建筑师的道路也越来越近了？后来父亲打电话来问我窑洞口门窗、装饰格子及图案用什么颜色好，我说大面积的颜色用浅咖啡色，个别颜色可以鲜艳一点，这样整体还是统一的。父亲支吾着说他再想想看。

国庆长假，终于可以回家去体味秋韵了，何况家里长达四五年的建设也基本结束。老人常说盖房会让人脱一层皮，现在看来岂止是脱皮，盖房以来父母比以前做生意还要消瘦，但他们目光却很有神，毕竟希望与幸福就在眼前。

远远就看见了大门，犹如鹤立鸡群一样突出。门柱是青砖对缝砌的，大门檐口椽头漆了朱漆，虎头瓦当整齐排列，父亲还在屋脊处放了一对白瓷的鸽子，乍一看以为是真的，鸽子脖子上的红绸带迎风招展，只是颜色已经褪了些许。砖缝处理和图上不一样，父亲解释说按我图上的砖缝，只能做出正面，侧面转过来砌出的缝子很难看。我说现在的就很好（当时我压根就没细想砖缝转到侧面会是什么样子）。院子里已砌了一个花坛，花坛里挤满了一串红，开得灿烂耀眼，花坛的边上也是色彩斑斓，既有片片落红，还有彩色瓷砖碎片拼的图案。父亲笑着说："打碎了的瓷砖扔了可惜，索性就再打碎粘用来贴面，没想到效果也很好。"窑洞口的门窗也装好了，只是颜色果然是大红大绿，窗棂和装饰格子是草绿色，门和装饰的灯笼、五角星为朱红色，对此我什么也没说。在这个院子里天总是显得很高，云也很白，这样的颜色似乎也很谐调。我问他们是怎么施工窑洞口的尖拱的，"这个嘛，还是木匠想的办法，他用一大张胶合板蒙在窑洞口，在里面用铅笔画了个轮廓尺寸，然后在地上量着做好木格子和装饰图案再装上去，这样丝毫不差！"我听了也是大表佩服，不然这洞口似圆非圆的尺寸如何放样施工呢？

　　最后看自己要住的房子，铺地用的是彩色水磨石，起初定这个材料时我坚决反对，父亲坚持说木地板不好，家里有院子要种花种菜，进出换鞋不方便，自己麻烦还好，来个亲戚邻居你总不能让别人脱了鞋再进屋吧！还有就是打理维护太麻烦。"这是艺术水磨石，这个画匠可了不得，是我从邻县跑了三次才请来的。"父亲显然对这水磨石地面十分满意，地上的图案有金鱼、白鹤、苍松之类，颜色和图案很拙却很有味道，确是民间高手所为。父亲对走廊的图案略表不满："这里有一对玩耍的熊猫，图案太单调了，应该在下面加点竹笋或者几丛草才好看。"我这才注意到走廊地上还有这样的图案，进来时竟没有发现。父亲对餐厅窗台的高度最为不满："这里窗台太高了，真没必要做成和卧室窗台一样的高度，餐厅的窗户朝着院子的花坛，如果窗台高度只有四十或者五十公分，那小孩子坐在里面吃饭都能看到外面花了！"我说可以找人重新做一下，父亲却说这样一来窗户弄不好要坏掉，贴好的面砖一定会损坏，还是将就一段再说。我知道多说无益，奶奶活着常说"成物不可损坏"，父亲对既成的现状采取的办法也是"将就"。有人说建筑是门遗憾的艺术，也许吧，何况这仅仅是个房子。

计成在《园冶》里写道："独不闻三分匠、七分主人之谚乎？非主人也，能主之人也！"的确，家里盖房子的确体现了父亲的主见，而我一直以来却是个被动的参与者罢了，职场的磨砺，我都几乎不知道自己还有什么主见。我向一个做设计的好友讲了自己家盖房的漫长过程，并给他看了各个阶段的照片，他在网上感慨地给我留言："我们是以设计为生的，以为生活的全部就是设计，而你的父亲却是在生活中设计，设计只是他生活的一部分。也许我们偶尔会感到成功，却很少体会到真正的快乐。我敢说你父亲比我们更感到快乐和幸福！"

（六）

2007 年春节。父亲要我帮他起草一个"住宿公约"，他说来租房住的人太多，不仅要应付学生还要给家长解释，最好能有一个公约，每个宿舍挂上一张。先是由父亲口述逐条意思，我再记录整理，我问："不随地吐痰和乱丢纸屑是否可以不写，这个要求是不是太过了呢？现在城市大街也很难做到这样。""这个一定要写，谁受不了这个约束可以不住，读了这么长时间的书，连这个都做不到，那读书还有什么用？！"我写完后又誊写了一份给父亲看，他看了很不满意，说是没有文采干巴巴的，令我脸红的是他还指出了其中一个错别字。"这可是上墙上公约啊，怎么能这么马虎呢？"于是我又仔细修改了一番，父亲才基本满意。

前一段父亲打电话过来发牢骚，说现在的孩子不知好歹，这么好的读书环境怎么就不知道珍惜呢？不少人沉迷于电子游戏和桌球，常常晚睡晚起，甚至夜不归宿，他气的心脏病都要犯了。我劝他这又何必呢，目前这个社会这些孩子在自己家和学校都是这个样子，何况我们这里仅仅只是一个出租的宿舍。父亲听了生气地说要这样他宁可让房子闲着，这令我一时无语，也许设计中妥协太多了，对什么都失去了原则。父亲曾经为找不到好工匠一再打电话向我诉苦，起初我劝，后来烦了就说这又有什么了不得的，房子盖的再好也仅仅只是房子，如果万一着火房子没了，人还得继续活着。父亲听了很难过，说我工作后变了，变得没有追求得过且过，对此我除了无语就是沉默。

偶尔读到《黄帝宅经》中的这么几句:"宅者,人之本。人因宅而立,宅因人得存。人宅相扶,感通天地。"这令我大为感动,感动之余则是无尽的伤感。在这个漂泊的城市里,房价早已高不可攀,而回到老家却再也没有了"花褪残红青杏小"的景致,更没有了窑洞天窗眼筛下的月光和那些"马"和"牛"了,弟弟也在十余年前死于一场意外事故,为此父母几乎一夜之间头发花白一片,母亲眼睛也哭坏了。我的婚礼是按父母要求在老家办的酒席,我知道这也是他们盖房子的最大心愿之一。

对于建筑设计我向来觉得有些残忍,因为你不经意对某一扇窗户大小和开启方向的决定也许会影响到一个人数年、数十年的感受与活动,因为我是如此的怀念着窑洞天窗眼那一片月光和星斗,尽管自己参与的住宅设计获得过省级国家级的奖项,但是那又有什么用呢?我不知道住在这些高档社区的孩子是否有人如我一样对房子有着这么真切的感受?或者因为我的参与能让他们的生活多一份"家"的感受?

补记:几年前,我曾把《盖房记》一文打印寄给父亲,谁知春节回家他异常严肃地问我这文章是随便写写的还是认真当回事写的?我看气氛不对劲,就说是随便写写的,他说那就算了,也就没有再说什么。后来我从表哥那里得知家里这些年盖房,父母除了特别劳累外,左右邻居以宅基地界线为由，多次找岔子发生纠纷，以至辱骂甚至动手，母亲好几次气的下不了床，父亲为了息事宁人，多次忍气吞声赔礼赔钱，可谓打掉牙和血吞，而这些幕后的事情是我所不知道和感受的，我一下子明白了设计与现实之间存在的鸿沟，在父亲眼里我笔下的《盖房记》无疑是轻浮和表面的。

老家房子租赁了三年后终于空闲了下来，一是父亲越来越看不惯租住的学生生活方式——不讲究公共卫生、整天喧哗打闹甚至男生留宿女生，为此他经常会和住宿的学生发生口角，二是后来县高中也搬迁了，而且学校配建了几栋宿舍，出来租房子的学生也少了很多。还有，父亲为自己居住精心盖的房子却一直空着，他和母亲仍旧住在租赁楼房的一角，继续使用着盖房时临时搭建的厨房，我多次劝说他们搬进新屋去住，那里居住环境要好很多。结果父母的理由很多：什么现在住的房子有火炕，冬天还可以生煤炉子，不用担心房子被熏黑；还有简易的厨房可以烧木材（母亲捡了大量拆迁废弃的椽子）和树枝；更重要的是经常走动的亲戚和邻居来了也很放松，不用换鞋；自己要住的房子窗明几净一直像新的一样，他们看着就舒心……我不知道他们是活得太现实还是太理想，看着一尘不染的院子和精心打理的花草，我觉得人能选择一种自己喜欢的生活状态就是幸福，也许我的劝说是多余了。

故乡的苹果

中秋已过，昨天重阳也过了。江南小城，桂花飘落如雨，偶尔还有几片黄叶飘落。

故乡已是深秋时节，没有了叶子的树木显得突兀而劲道，枝头的柿子却红如灯悬。遍地的苹果树卸掉了大半年的重负，腰肢舒展，恣意的晒着太阳。

收获的苹果及时地摆在了城市超市的选购台，其实这里没有四季之分，永远都在卖着同样的商品。我在这里也经常会买些标着"产地陕西"的苹果，那是故乡水土培养出来的水果，只是在这里身价变了。

我一直很喜欢吃苹果，因为在老家这是最普通常见的水果，连我们写作文都不会用"像苹果一样的脸蛋"了，因为有的女生名字索性就叫"苹果"。后来才知道亚当和夏娃的故事也是从偷吃苹果开始的，还知道了和"苹果"相关的名牌，什么电脑、牛仔裤、皮带等。

小时候很馋，没有什么好吃的，那时的苹果就是美味了。

还记得秋雨绵绵的夜晚是那样漫长，小人书已经翻了好几遍了，奶奶还在不紧不慢地捻着毛线。"天晴了，再晒一阵子苹果就可以摘了。"奶奶念叨着。"好奶奶，我现在就想吃嘛！"我反复央求，最后奶奶竟然同意了，她挑起门帘为我照路，橘黄的灯光划开了黑夜，细密的雨丝被灯光拉得老长。

我蹦跳着蹿了出去，上了院子的土台，墙脚处那个枝丫有几个苹果我平日里都记得清清楚楚。很快就摘了两三个大个的苹果，树枝弹起的雨水滴进脖子，凉凉的。

"简直就是个小馋猫，快擦擦头上的雨水！"我在暖暖的炕头啃完了两个苹果，第二天牙齿软得连面条都咬不动了。现在还记得那苹果叫"国光"，刚摘下来又硬又涩，放到坛子里，到过春节再打开，简直是开封的陈酒，满屋飘香。

近二十年前老家一下子栽种起了苹果，大家希望能靠苹果走上致富之路，姑姑家也栽种了近十亩地，可惜父母在街头忙于生意，家里就没栽种。

每到春天，黄土高原犹如被粉色的彩霞笼罩，上学路上花香四溢，蜜蜂嘤嘤成韵。花落果青，叶子才懒洋洋的探出脑袋。接着摘花、疏果、套袋、喷药、施肥除草，一年到头就忙活开了，起初乡亲们还是靠苹果小富了一把。

后来我考上大学离开了老家，再回去姑姑总为苹果唉声叹气——价钱越来越低，收购的人还压级压价爱卖不卖，对此大家也无可奈何。父母对姑姑每年送的苹果意见很大，因为我春节返校前姑姑都会送来一袋苹果，只是都是些瘦小甚至起皱的。其实街上最好的苹果也就几毛钱一斤，我就劝父母不要为此计较了，大家都不容易。但年年父母为此总是耿耿于怀，直到我工作好几年，姑姑家的苹果树老化砍伐了，计较才消失。

现在每年我也就春节才在家待几天，离开时父母总要张罗着为我带苹果，我再三推辞，可是苹果早早都买好了，父亲说是他提前挑选了集市上最好的。

只是他也意识到现在的苹果味道越来越差了，加上老家的苹果前些年价格过低，果农疏于管理和更替品种，除了口味连卖相甚至也不如先前。

父亲说他最不喜欢吃苹果，的确，相对来说他更喜欢南方的橘子和香蕉，可是前些年姑姑送的那些瘦小苹果还是让父母吃了，因为他们为我买了好的苹果，那些差的觉得扔掉可惜，最后还是自己对付着吃了，也许是那些苹果损害了他们对这个水果的感情。

今年春节回家，我路上带的水果没有吃完，还剩下一个苹果和几个橘子。父亲不知为什么竟然破例吃了那个苹果，他咬了一口就切了半个给母亲，要她尝尝。他说他现在才明白为什么城里人喜欢吃苹果，原来味道的确比他在街上买的好多了。

其实这苹果也是出自陕西，只是不在我们那个地区罢了。父亲问我这苹果价格怎么样？我报给了他一个打了五折的价钱，他说竟然这么贵啊，也难怪味道不错，我一时无语，心里酸酸的。

那年春节我离开老家时行李比以往轻了许多，因为父母没有再让我带苹果，尽管他们已经提前挑选了所谓最好的苹果。父亲说："过去了多吃水果啊，苹果就不带了，要吃还是你自己买吧。"我临走还是挑选了两个又红又大的苹果塞到了包里，说是带着路上吃，我怕啊，肩上的包空荡荡的感觉难受。

今年春节回家我也许该为父母带几个城市里最好的苹果回去，尽管这些苹果来自农村，来自故乡，趁着他们牙齿还勉强咬得动，他们是该享受苹果的滋味了。

黄瓜绿了

黄瓜原名叫胡瓜，据说是汉朝张骞出使西域时带回来的。可它为何更名为黄瓜了呢？原来，后赵王朝的建立者石勒为"胡人"，但他特别忌讳"胡"字，并制定了一条法令：无论说话写文章，一律严禁出现"胡"字，违者问斩无赦。一天，石勒在单于庭召见地方官员，等到召见后例行用膳时，他指着一盘胡瓜问大臣樊坦："卿知此物何名？"樊坦看出这是石勒故意在考问他，便恭恭敬敬地回答道："紫案佳肴，银杯绿茶，金樽甘露，玉盘黄瓜。"石勒听后，满意地笑了。自此以后，胡瓜就被称作黄瓜。可是为什么我们平常吃的黄瓜都是绿的呢？

我儿时在老家吃的黄瓜就是淡黄色的，直到中学开始街上渐渐卖起了绿色的黄瓜，现在偶然问及几个朋友：黄瓜为什么是绿色的？他们很是惊讶——难道黄瓜还有别的颜色？我再三证明，他们却连连摇头。我这才意识到自以为熟悉的事物深究起来却如此陌生。黄色的黄瓜基本是"地黄瓜"——匍匐于地而生，生长周期相对长，产量低，而且贴着地皮也容易招惹病虫。

绿色的黄瓜基本为"架黄瓜"，攀缘生长，产量极高，也特别适合在温室中立体种植。就口味来说黄色的要优于绿色，因为产量往往和质量是成反比的，黄瓜亦然。于是经济效益选择了绿色，何况绿色黄瓜悬在空中生长，靠重力"锻炼"，体态顺溜苗条，口味是一回事，养眼在这个时代似乎变得更为重要。

约莫六七岁时，去乡下的姑姑家，和小表哥一起去山沟放牛。沟底溪水潺潺，溪畔田野漠漠，其间有成片菜园，园中自有瓜果诱人。茅舍边老叟烟管横斜，闲敲棋子，表哥放开牛缰绳却让我放风，他猫腰溜进菜园，直奔黄瓜而去。他抱了一个金色的犹如枕头般的黄瓜而出，这么大的家伙在夕阳下闪闪放光，我惊得合不拢嘴，更惊慌的是狗叫人喊，看园子的老头推开棋盘跑过来了！慌乱中表哥一只脚把黄瓜压入溪水中，另一只脚故作镇静的在拨拉着溪水，其实我看出他手都在抖了。等老头跑过来几句盘问，表哥因紧张脚松开了，一只硕大的金色黄瓜浮出了水面，在阳光中腆着肚皮顺水悠悠而去……老头见状大叫一声，扔下我们去追黄瓜，表哥趁机拉起我撒腿就跑。

天快黑时，姑父来了，他的脸色比乌云还黑，过来对着表哥就是一巴掌。事情还是败露了，那老头认识表哥也认识姑父。原来这黄瓜太不一般，是老人万里挑一选来留作种子的！据姑父说好在这种子也基本成熟了，否则后果很严重！说着他又抬起了手，这回却拿出了两个又粗又直的黄瓜：你们太不懂事了，净添麻烦，拿去吃吧，人家送的，说是再想吃就打个招呼……那黄瓜的甘甜味道至今让我回味。

小时候读书除了课本几乎再没什么读物，偶然从箱子翻出父亲曾经使用过的课本，里面一篇和黄瓜有关的课文至今记得。大概内容是在课堂上部队高干子女和农家子弟发生别扭，前者有馒头吃，而且还不算黑，而后者却只能暗流口水听肚子叫……怎么办呢？后来农家子弟就在书包里放上"顶花带刺儿"的黄瓜，在闻到馒头味道时就拿出黄瓜抹掉刺儿大嚼大咽，这回轮到高干子女流口水了。故事的结果是"馒头"和"黄瓜"和好，互相交换，馒头就着黄瓜吃味道更好。在那个特定的年代，这样的文章"用心"可谓良苦，现在想来却是那么童真与温馨。

小时候可读的书虽少，但是耳朵却不闲着，收音机里的"小喇叭"一直在听，后来是评书连播、广播连续剧……现在还记得一则关于卖黄瓜的段子：说是在兵荒马乱的年代一位京剧老生无戏可唱，只有改行卖黄瓜。他挑着担子转悠了半天却没有卖出一根黄瓜，好不容易来了一个老太太。那时北京老太太买黄瓜有个习惯，先要掐一小块尝尝是不是很甜。老生放下担子，揉着酸痛的肩膀，悲从心来，习惯性地吊了一嗓子："苦啊——！"谁知正赶上老太太边掐黄瓜边问甜不甜，老太太听了这一嗓子连尝都不尝了，扭头就走，这让老生哭笑不得。这样富于生活细节又含着眼泪微笑的曲艺节目在当今不多见了。

大学是在南方读的，在学校里第一次吃到了炒的黄瓜（老家黄瓜都是凉拌的），开始对炒黄瓜那股青草味很不习惯，觉得简直是在糟蹋材料。工作后才知道什么叫糟蹋材料，一次出差回来，还是女友的老婆脸上贴满了"银圆"，我吓了一跳——

真要往钱眼里钻啊？！原来她在做黄瓜面膜，她笑我少见多怪：用黄瓜怎么会是糟蹋材料呢？高级化妆品多贵啊！她一笑不要紧，"银圆"纷纷掉落，我赶紧说黄瓜挺好，脸真比以前白净多了，今后买菜要多买些……

我们都管柏油路叫马路，其实这路上不跑马久矣，人们明知道路上"马"已经不存在了，可叫习惯了也就懒得去改。随着马的淡出，真正的"马路"没有了，曾经车辙中大名鼎鼎的"车前草"也不为人识，其实随着马消失的还有曾经的驿站、马市等许多相关事物。河南有个叫"驻马店"的城市，大抵是领导觉得这个名字太土，何况现在连马都没有了，于是准备将"驻马店"的名字改为"天中市"，寓意该市位于天下之中。贵州省十几个城市争着要把原来的城市名字改为"夜郎市"。这年头，"武督头"吃香抢不上，争个"武大郎"也好，只要出名了什么都好办，大不了还能开个烧饼铺。本来是写黄瓜的，竟然扯到了马路，实在不该。只是我想既然黄瓜都绿了，好事者是不是也给其改改名字，索性就叫"绿瓜"算了，这样妈妈教婴儿识字辨别颜色时可以直接说：绿色就是你吃过的"绿瓜"的颜色。在网上查了下，原来黄瓜在广州被叫作"青瓜"，看来人不喜欢戴绿帽子，将心比心才有了"青瓜"之名。

行文结束时却记起了一则关于黄瓜的歇后语：案板上的黄瓜——欠拍。可谓人为刀俎，瓜为鱼肉，被拍被吃也就罢了，临死还被用来作为指桑骂槐的道具，真是悲矣！也真不知道到底是哪个欠拍？

桃之夭夭

（一）

小时候有段时间我很痴迷种花种树，尤其是桃杏之类的果树。清明过后，我将桃杏的核埋在地下，隔几天就翻出来看看发芽没有，几经折腾那些核终究没能发出芽来，好在路边地头时有发芽的桃杏小苗，这些都是拜前一年行人所赐，我小心翼翼地将几寸许高的小苗挖出，记得树苗根部的核刚裂开，膨胀的桃仁异常悦目，颜色和形状如同一颗"心"，我就这样双手捧着这颗"心"回家，似乎移植活了很多棵，只是都没有等到它们开花结果，后来竟也不知了去向。

暑假总是要到姑姑家去小住一段，午后的乡间安静极了，连知了也要午休片刻，表哥带着我出没在田间地头。成熟的桃子让人垂涎，诚实守规矩的教条终究没能抵住这美味的诱惑，于是每人偷了两个大桃子。不好！才出田埂就看见了守护桃园的朱大爷，怎么办？情急之下，我们把背心掖进裤子，将桃子装在了背心后面，两个人一下子成了小驼背，故作镇静地和朱大爷做了个鬼脸，走过他面前后撒腿就跑，等我们上气不接下气地停下来才觉得后背火烧火燎的，如同被千万只蚂蚁撕咬，原来桃毛全给蹭到了身上，那次是真切领教了什么叫"难受"。

后来上学读书，先后学了一些关于桃花与桃树的诗词，至今每每读到或者想起，这些诗句总有阳光明媚春风荡漾的感觉。

"李白乘舟将欲行，忽闻岸上踏歌声。桃花潭水深千尺，不及汪伦送我情。"虽然那是个"落花流水春去也"的时节，但是情浓于水夫复何求？"去年今日此门中，人面桃花相映红。人面不知何处去，桃花依旧笑春风。"即使是失意与惆怅也是亮堂明媚的。

"爆竹声中一岁除，春风送暖入屠苏。千门万户曈曈日，总把新桃换旧符。"这既是一幅活色生香的生活画卷，也是王安石的改革抱负。一部轰轰烈烈的《三国演义》却是从"桃园"拉开了序幕，即使后来众星一一陨落，但是想想结义的桃园依旧春风年年，心里就不再那么愁云暗淡。

关于桃花最经典的莫过于陶渊明的《桃花源记》了，这是何等的生活场景啊——"晋太元中，武陵人，捕鱼为业，缘溪行，忘路之远近，忽逢桃花林。夹岸数百步，中无杂树，芳草鲜美，落英缤纷……"

贝聿铭应邀设计日本的美秀美术馆时，灵感正是来自于《桃花源记》，他看过现场和业主交流时谈到的是"林尽水源，便得一山。山有小口，仿佛若有光"，深谙《桃花源记》文化的业主将重任委于了他，贝先生终也不负众望，以他过人的才能为世人呈现了"仿佛若有光"的意境。

金庸笔下的"黄老邪"的确邪气很盛，令人不解的是他却住在桃花岛，也许正是这桃花岛的桃花才成就了精灵瑰异的"蓉儿"，那曲"桃花开，开得春花也笑，笑影飘，飘送幸福乐谣……"至今还让人心摇神怡。

桃花自古就和爱情有关，而且落落大方。"桃之夭夭，灼灼其华。之子于归，宜其室家。"只是令人不解的是不知从什么时候起桃色成了情色的代名词，即使这样也没有打消芸芸众生对"桃花运"憧憬。令人不解的"桃之夭夭"后来演变成了"逃之夭夭"，难道生活真的在别处？

（二）

在即将逝去的年尾，一个新的生命诞生了，尽管这个世界上无时无刻都在诞生着新的生命，可这次不同，因为他与我有关，是他让我成为了父亲，一个无须加冕却谁也剥夺不了的身份。

我在医院打电话给老家的父亲，向来严肃的他语音颤抖，他从此又多了一个爷爷的身份。生命的诞生是个奇迹的过程，尽管我等凡夫俗子创造不了什么奇迹，但却借造化之手创造了生命的奇迹，这得感谢新来的生命。

元旦，天很冷，阳光却格外亮丽，下午将抱着新来的生命回家。住院部同一产房夫妻昨天出院，家里老人按习俗给孙子带来一束桃枝，说是在回家的路上可以辟邪。老婆一早醒来让我去医院边的公园里也折一束桃枝回来，为了迎接新的生命回家，"迷信"也罢。

公园里有不少晨练的人，还有一早遛鸟的大爷，另外还有几个为花草培土的园丁。这个公园在原来租住的房子边上，也没少来，可桃树在哪里呢？

按春天的记忆，小池塘的边上当时争相吐艳，好像有桃花，转了一圈发现都是樱花。于是就逐一打量起公园里可能是桃树的树，最后锁定一株挂着几只鸟笼的树，按小时候对桃树的印象判断大抵就是了，可是笼子里鸟语萦绕，树下的人茶烟相敬，只好望而却步。折出公园又去了一旁的小河边，记得这里在柳絮纷飞的时节也是落英缤纷的，结果一路看下来也不敢确认这些树里就有桃树。

那些曾经的桃花不知什么时候离我远去了，如今只识得桃子，冬天里竟连桃树也难分是非，其实离我远去的不仅只有桃花，还有曾经的杏花、枣花、柿子花、洋槐花、梧桐花……总得给新的生命带点东西回去，于是在公园里各折了一小枝蜡梅和翠竹，也许这两样东西代替不了桃枝的作用，怎么办呢？明年春暖花开时节，带上他一起去看桃花开，不对，应该是他带着我去看桃花。

（三）

夏天变得越来越难熬，好在还有应季的瓜果可吃，西瓜自不必说，我对桃子一直情有独钟，也许是很小就听惯了奶奶的那句"桃饱杏伤人，李子树下抬死人"的谚语，记得那时杏子和李子每次只许稍尝辄止，吃桃子时却不会限量。

院子墙脚曾经有棵歪脖子桃树，每年开花倒是灿烂热闹，可惜结的桃子稀疏瘦小，而且多有胶疤和裂口，奶奶说这是没有嫁接过就只能结出这样的"毛桃"，不过这不起眼的"毛桃"却别有风味。

总记得盛夏里那么一幕：系着围裙拄着拐杖的奶奶送邻居的张奶奶出院门，恰好一只桃子应声落地，两个老人高兴极了，说这是很好的兆头，奶奶捡起桃子在围裙上蹭掉了桃毛，两个老人高兴的分享了这只桃子，张奶奶用手帕包起了桃核，说是回去明年在自家院子里也种棵桃树，那时她们的脸已经皱得如同桃核，却笑得面如桃花……如今那桃树、院子以及老人都早已化作了尘埃……

也许是遗传吧，快二十个月大的儿子坐在床上，两只小手抱着一只对他来说硕大的水蜜桃在专心的啃着，汁水糊了一脸，我要不时地帮他啃掉桃皮，他开始似乎担心我会一口吞掉他的果实，眼巴巴地望着我在啃他的桃子，后来小家伙明白了这是在帮他，自己啃两口就把桃子递过来要帮忙，甚至表示我也可以分享两口，等到他后来啃到了桃核，我也无能为力，于是他就"咳咳"的啃着桃核，啃到最后竟哈哈地大笑了起来，不知若干年后他是否还会记得我们曾一起啃过一只桃子？

江南可采莲

在这个异常炎热的夏天我依然记起了杜甫的《江村》："清江一曲抱村流，长夏江村事事幽。自来自去堂前燕，相亲相近水中鸥。老妻画纸为棋局，稚子敲针作钓钩。多病所须唯药物，微躯此外更何求。"

正午的太阳让人直观的知道了什么叫作"白热化"，热浪使得踪影皆无，据说石头上可以烤熟五花肉。吃了一碗面，大汗淋漓的要回公司，马路转角竟然有一捧新绿：一位中年妇女正坐在竹扁担上，一边用手帕习惯性的扇风，一边用矿泉水瓶在浇竹笋筐里的莲蓬。有人问价，答曰十元四只，可惜我手里拎着一袋买好的桃子。自己在街边偶尔也买过几次莲蓬，似乎更多的是为了心底的"南方梦"，曾经是那么的向往南方，那里有"红掌拨清波"，还有"接天莲叶无穷碧"，可以"溪头卧剥莲蓬"，也可以"惊起一滩鸥鹭"，其实大学前一直生活在黄土高原，活动范围也就方圆十千米，见过的河宽不过两三米。

也许"天堂"距离太阳要近一些，今夏的太阳使得杭州成为了名副其实的火炉。在这个白热化的正午，我竟然撞见了"莲蓬"！它们绿得这么耀眼，可惜无人为之驻足，梦想成为这样的现实了无诗意，甚至残酷。我想到儿时暑假，母亲在街头卖菜，吃过午饭我在家门口望了又望，依旧不见她的归影，她也应该如这位农妇一般在烈日下守护着这捧新绿吧……

大家都在抱怨物价太高，水果也吃不起了，我还是经常光顾水果店，其实我是多么渴望能亲手从枝头摘下这些苹果和桃子啊！老家的院子里曾经有一株桃树，儿时年年看着它花开花落，瘦小的桃子逐渐丰满染红，一年的期待让这果实的滋味是那么的甘甜，何况可以自己动手摘下那个最大最红的！不知从何时起我们的生活变得这么单向而单调，劳动对于一部分人变成了一生的苦难，而对另一部分人变得遥远而陌生，且不说春播夏耘，连秋收都免去了，我已多年不再尝到收获的滋味。杭州在西溪湿地一角办起了"种植农场"，据说一年花七千元可以认领二十平方米的"自留地"，然后就可以玩"种菜""偷菜"，还可以亲子互动，真是一派和谐，这是城市人的时尚生活，其实再往西开车一刻钟，七千元可以租种几千平方米的农田了，因为那里的村子甚至有土地荒芜着，可那里不属于当下文明和时尚的范畴。

也许正是为了"溪头卧剥莲蓬"的梦想，我一再远离故乡，如今"莲蓬"近在眼前，十元就能买下四五个，这捧新绿全部也就价值一百元的样子，可是要实现这曾经的梦想代价为什么就这么大这么难？我是多么愿意亲手摘下这些莲蓬啊，可是摘下它们之后又能怎么样呢？如同这暴晒着的新绿一样么？回到公司，同事满面笑容地告诉我，我们国庆去法国的签证办好了。不知道那里可有"莲蓬"？距离梦想是否会更近些？和一好友在网上聊起了自己的感受，他开导我人要向前看，过于悲观对谁都不好，我说我一直也是这么开导别人的，因为现实中的我是那么的积极，常常加班，任劳任怨，口若悬河，满眼贪婪，唯有"变态"可以形容。

今夜，台风渐起，这令我到底掂着《江南》了："江南可采莲，莲叶何田田，鱼戏莲叶间。鱼戏莲叶东，鱼戏莲叶西，鱼戏莲叶南，鱼戏莲叶北。"

渴望

"对酒当歌，人生几何？"酒是什么？酒是粮食的萃取与升华，一不小心，喝掉了几天的温饱，喝得昏天黑地，甚至喝得穷困潦倒，当然也可以喝得"但愿长醉不愿醒"，亦可以"悠然见南山"。衣食无忧又能怎么样？饥寒交迫又当如何？"生死之交一碗酒"，惜明月当空，与谁斟酌？遑论说走就走。出差东北，酒到酣处，手机里回响着几首老歌，不是那个年代的人是不知其老的，不是那个场景的人也是不知其味的。

"悲欢离合都曾经有过，这样执着，究竟为什么……"从小起五音不全，很怕当众高谈阔论，更怕一人独唱，印象里最辉煌的纪录是在初一被迫参加了学校的合唱团，竟然在大礼堂登台献艺，现在想来绝对算是滥竽充数。说来奇怪，在我高中以前的音乐课所学的歌曲至今却都记得，而且基本都能唱全，唯有这首《渴望》是我没有学过却记得极其清晰的。那是初冬的一个下午,我读初一,音乐老师在黑板刚抄完歌词,还没有教大家学唱，窗外，表哥一袭孝衣向我招手，我随他出去——奶奶故去了……我从两岁起就和奶奶生活在一起，算算整十年了，懵懂的我也约略知道生死之大，但是当这一天真的到来时还是那么的突兀与难堪。

为了不使我过于悲伤，表哥带我去他家里暂住。表哥新婚不久，家在乡下，我住小县城，中间隔着五六里村道，冬夜，枯树衰草，弯月如钩，表哥突然用粗犷的嗓音唱起了"悠悠岁月，欲说当年好困惑……"这不是下午老师在黑板上抄的歌词吗？就这样一首我没有学习的歌曲却永远的记住了。

我曾经是那么的渴望黄昏能再长一点——好和小伙伴在放学路上多玩一会弹珠、纸包，也无数次渴望能夜不归宿，更渴望尽快长大远走高飞。等到有一天才发现，有些事情即使不用渴望也会到来，甚至无处可逃，而有些事情即使望穿秋水也依旧是水中望月。上大学，终于远走他乡，基本无人管束，也可以夜不归宿了，可惜那时我早已不喜欢弹珠和纸包，而且也再无人和我一样不顾父母巴掌玩得忘记了回家。大学毕业时，酒酣，我朗声说：这五年里你们认识的我都不是真正的我——因为种种原因我都是以另一个我在生活，不远的将来你们终究会认识到一个真正的我！大家都已半醉，听的面面相觑。一晃整十五年过去，蓦然回首，我好像还是那个样子，曾经以为父母管束太多，或者经济不能自理，活得很不自在，可是至今我还是理着不长不短的平头——只是从大学起不再由父亲理发罢了。曾经我是多么的想留一头长发——

梳个三七分头，或者剃个光头也好，可惜这么多年了头发却依旧维持着不长不短。曾经的同学有多少自毕业没再见面，一些人有生之年也许都不会再见面，你的变与不变，或者本来是什么样子又将如何证实？还有证实的必要吗？

又是月夜，我和在浙大教书的一位朋友相聊甚欢，和他讲起儿时的这些渴望，他也是心有戚戚。月上柳腰，他时看手机，月上柳梢，他如蚁附身，我终于忍不住了，说道今天就到此结束，他长出一口气，再三道歉——幼子不眠、老婆几催、改日再聚……谁让我那时还是单身呢。

手机里传出了"依稀往梦似曾见，心内波澜现……"的歌声，这又让我心潮澎湃。老版的《射雕英雄传》固不必说，快三十年前，音乐老师说要教大家唱《铁血丹心》的主题曲，几乎人人热血沸腾，"逐草四方沙漠苍茫，哪惧雪霜扑面，射雕引弓塞外奔驰，笑傲此生无厌倦……"，我至今记得老师在黑板上抄写歌词的笔迹，白色的粉笔字是那么的飘逸有力，其时音乐老师比现在的我还年轻许多。还记得1993年中考前夕，《射雕英雄传》又重放，在同学家看了好些天，终于被父母制止，记得最后看到乞丐装的黄蓉不想再逗傻乎乎的郭靖，换了一身惊艳的女装，在河边船头连续深情地呼唤"靖哥哥——靖哥哥……"，这呼唤至今还依稀可闻，我好像至此再也没有看过老版的《射雕英雄传》，我的青春好像也就此结束。

四岁多的幼子近来很不喜欢与我为伍，更不喜欢与我一起睡觉，问其原因，答曰：爸爸腿上毛毛的，不舒服。只是前些天他特别的忧伤，独坐窗下，我问他又怎么了。他用肉乎乎的手指拉着自己大腿上丝丝汗毛，哀切地说：爸爸，我腿上长毛了……我忍不住笑了——长毛多好啊，这样咱们就扯平了。他问我是不是长毛了就要长大了？是不是他长大了爸爸就老了？爸爸老了阿婆是不是就死了？我告诉他我们最后都会去同一个地方，还会一起玩的……

今夜独在长春，酒微醺，一时兴起，码字若干，近一年多没有写什么东西了，以为就此老矣。手机里这次传出的歌不算太老，是姚贝娜的《又忆江南》："繁华如梦，世事看透心了然，何不如烟花三月下江南，聆听雨打芭蕉渔舟唱晚……"明天，作为西北人的我就要下江南了，已是后半夜，拉开窗帘，外面灯火点点，却已极为平静，"故事不多，宛如平常一段歌，过去，未来，共斟酌……"

我的语文课

最近在《中华读书报》看到一篇题为《中国母语教育的困境和未来》的长文，心有戚戚焉，倒不仅仅是为母语的未来担忧，而是有感于自己和语文的缘分。端午节将至，久违的雨终于落下了，而且如泼如注，在这个江南草长莺飞的季节，曾经的缘分也一起被拉长，并随着这雨水晕染了开去。

（一）

记得在学校第一次受到的表扬是小学一年级开学的第一天，因为我写的"一"字很整齐很平直，和蔼的女老师在讲台上拿着我的本子要其他小朋友按这样来写字，其实惭愧得很，至今我写的字也仅仅是整齐、平直罢了，除此别无特点。那时老师还要大家在早上出声地朗读课文，一个叫王延寿的同学嗓门之大让边上小朋友掩耳，经常有人在后面用手指捅他一下，哭声立刻就盖住了所有人的读书声……现在耳畔依稀还回荡着三十多年前的声音："大兴安岭，雪花飘飘，海南岛已是鲜花盛开……"这样的学习如同囫囵吞枣。几年后的春天在刚刚起身的麦田挖荠菜，意外地看到这页的课文从泥土中露出了一角，"海南岛"的鲜花就这样盛开在了麦田里，其时村头人家的桃李和杏花开的如云似霞，我一下子似乎完全明白了这篇课文的意思，兴奋地大叫着在春风中张开双臂……

因为个子小，小学一直坐在前两排，所有的一举一动都在老师眼皮下面，不过偶尔也能得到意外的"好处"。记得二年级有次考试前，隔壁班的一位老师小声对我们语文老师讲："小孩子读书太机械，完全是在死记硬背，你出题时可以把《蜘蛛》这篇课文选词填空给出的词语颠倒个顺序，他们十有八九会弄错。"我听得心跳不已，放学路上第一时间就把这个秘密告诉要好的伙伴。

第二天就考试了，交了试卷伙伴说真是要感谢我的提醒，不然那道题会做错，谁知道我却把这事忘得一干二净——自己竟然做错了！老师在讲试卷时再次提到了"机械"这个词，我花了好长时间才弄明白了"机械"是什么意思。

小学四年级对于我来说是个分水岭，学校新调来两个年轻女老师，其中一个成了我的班主任，教语文，另一个教数学，尤其是教语文的老师在我们的眼中是绝对的"漂亮"。我当时竟荣升为小班长，由于老师的教学方式得当，而且还时常买点瓜子糖果之类的搞班会，讨论学习心得，同学们的积极性特别高，一年下来我们的语文成绩不仅在学校出类拔萃，在全乡镇的竞赛中也是包揽了前三名。可惜好景不长，五年级才过一半，我们的班主任请假去生小孩，语文课就由另外两个班的语文老师轮流着带，同学们虽然年龄小，可分别感受到被冷落甚至幸灾乐祸的眼神。记得其中一个老师不知什么缘故好几节课没来给我们上，我竟然被同学们一致推举来给大家上语文课！还记得那个晚上自己小心翼翼地把班主任的备课教案带回家，完全背了下来，而且反复回忆她给我们上课的每个步骤。第二天我强压着心跳走上了讲台，并且站上了凳子——因为这样才能够着抄写板书。先抄好生字，开始讲解领读，再通读课文，接下来请同学们组词造句，直到看着一双双举起的手臂我慌了——真不知道要叫哪个起来回答问题为好……

现在还记得那篇课文的名字叫《心愿》，其中有个生词——"桥梁"，我就是在那个时候认识这个词和后边这个"梁"字。我们的闹剧很快就被学校制止了，一星期后我们班被一分为二，并入了其他两个班级，之前的班干部全部沦为"副职"。

小学六年级调来一个男老师，他是个标准的"国"字脸，鼻梁很直，远没有平常的女老师和蔼。可我现在深刻地记得他带我们的几堂课，尤其是一篇叫作《穷人》的课文，他深沉略带沙哑的朗读声让我感受到了冬天海风的凛冽，也是那个时候我竟然感觉到了死亡的气息，好在后来两个孩子躺在了温暖的帐子里才让我放下了揪紧的心。后来听说这个老师来自一个偏远的山村学校，家里很穷，多少年后才明白他在讲课文时的动情,还有他讲的"只有穷人才会真正的同情穷人"意思,可惜我现在只记得他姓郭,忘记了名字。(刚才在网上搜索了一下,这篇《穷人》竟出自托尔斯泰之手!)

小学最后一个六一儿童节过得很特别,学校照例组织大家排练,红领巾、白衬衫、蓝裤子、白球鞋是标准的服装,锣鼓、长短号、纸花环是道具,小学四年级及以上的学生会参加全县的游行和歌咏体操等文艺比赛,前两年我还当过彩旗队的领队。那年弟弟在读四年级了,要家里拿出两套服装的钱好像有困难,怎么办?也许是班级的拆分让我远离了热闹,在最后一次体操排练选定正式参加人选时,我多次有意步调动作不一致,导致老师多次警告,直至一脚踹出了队伍……别了我的小学,而且自此以后小学六一儿童节的集会也取消了。

(二)

那年是县高中第一届招收初中生,初一只有两个班级,可我们调皮捣蛋的能量据说前无古人,后无来者。三年里先后换过四五个地方,都是因为高中生或者附近住的老师嫌吵被搬走的,最后搬到了一幢文化大革命时期建的大楼,而这楼二楼以上已废弃多年不用,仅一楼做教师办公用。后来学校领导看到我们冥顽不化的样子,彻底绝望了,之后就取消了初中招生。

初一的班主任依旧是语文老师,人矮矮瘦瘦的,留着齐耳短发，左脸颊上有小块青色胎记，才上课几天就被调皮的同学私下称作"柿子脸"，她很少有笑容，但也不忧伤，更多的是平和与平静，现在想来与她的年龄不大相配。其实她讲起课来绘声绘色，每每到了三四月份我总会想起她讲朱自清《春》的情景，"花枝招展"这个词就是这样走进我的语汇中。

记得第一次期中考试我们语文成绩很不理想，也是从那个时候知道了读书要看下面的注解，那次考试不少题目就是来自课文下面的注解。"你们是初中生了，老师不会再逐字逐句领读生字，要学会自学"，这是她考试后总结时给我们的教导。可惜她只带了我们一个学期的课程，也是请假生小孩去了，开始她还住在学校里，常常能看到。周末我和弟弟去学校露天的水泥乒乓球桌打球，她腆着肚子站在二楼的阳台上看我们打球，在我跑过去捡球离她较近时，她会轻轻地点头微笑。也不知道后来什么时候她搬走了，至今再也没有见到过，记得她叫张俐。

接下来的语文是一位男老师带的，他年龄在四十上下，走路有点瘸，头却谢顶了，"顶上光"的外号是现成的。他和之前的老师相比最大的特点是普通话很不标准，和我们父母讲话差不多，不过板书很漂亮。他课余常常会给大家读些认为不错的文章，记得他读到一篇题为《我的哑巴母亲》的征文获奖作品，声情并茂，班上有一半人流泪了。还记得他朗读贾平凹的《闲人》，同学们觉得简直就是写我们街头那些"二流子",让人笑得肚子痛,现在还记得"闲人"飞快地骑着自行车,有意让风张起后面女友的裙子,露出两截白萝卜般的大腿的描写。

不下雨的时候基本在打乒乓球,用痴迷形容我那时对乒乓球的迷恋不算过分。学校有几个水泥球桌,常常人满为患,有时连看都找不到合适的位置,下午课间活动为了打球我们先后去过气象站、制药厂、化工厂等单位的活动室,来回要跑五六里地,但是那是标准的木制球桌,爽啊。

在下雨的时候,莫名的烦闷如同土院里积水中的泡泡,一个个拥拥挤挤,缓缓移动,逐个破碎,留下那个最大的也破碎了,但是后面的一群泡泡随即又补了上来……能读的书不多,我用仅有的零花钱买了几本书店清仓的读物,记得有本文言文的书,现在想来和《世说新语》差不多,对照翻译读了几遍,还有本小说选,竟然有贾平凹的《火纸》,看到最后心里潮乎乎的,青春是压抑的,也是残酷的,当然更是激扬美丽的。

那时每年还有师范学校的学生到来实习,带什么课程的都有,他们分男女集中住在两间大教室里。这些实习老师带的课似乎都没有留下什么印象,但是还是带来了一股清新特别的气息,他们的说话和穿着和我们的老师都很不一样。

《恋曲1990》就是一个实习老师教我们的,他叫夏季,名字很特别,还记得他说这首歌曲旋律不大上进,很不想教我们,可是大街小巷都在放这首歌,不少同学用塑料壳的笔记本早抄好了歌词。还有一个带地理的实习老师鼓励我们写写自己熟悉感兴趣的东西，他可以为我们改阅，我竟然写了一篇近两千字题为《小脚奶奶》的作文，他很是惊讶，用红笔写了大半页的批文，并建议我修改投稿，那时奶奶故去不久，我写的东西可谓发乎心底。还记得一个实习的女老师她很文静也很羞怯，讲课声音细细的，而且很容易脸红，常常课堂下面的闹声远大过了她的讲课声，还记得她给我们上《鲁提辖拳打镇关西》的情景，在她板书的时候，下面有人跑来跑去，不时地哄堂大笑，等她转过身来又片刻安静。在她一次写板书的时候，教室突然安静了下来，但是却突然冒出了一声大叫："不好，有嫖客！"似乎这突然的安静就是为了给这大叫让路的，她转过身来，红着脸，不知道说什么好，突然的安静跟随着就是爆炸般的大笑。那个说粗口的同学后来被班主任惨烈的"修理"了一顿，他在初三就退学竟然去屠宰场杀牛去了，他叫尚文彪，一个文武双全的名字，只是当时的女生都叫他"尚生生"，他在课间休息时可以一本正经地问女生要不要避孕药，现在回想起来依然很生猛。

我就是在这样的氛围中走过了初中，中考结束，成绩马马虎虎。一天，突然有了异样的感觉，似乎厌倦了之前的热闹，竟在塑料壳的笔记本扉页写下了一首和过去诀别的七言绝句。准备了两个多月后参加中考复试（也就是参加职业技校的考试），成绩也是马马虎虎，只是语文成绩名列全县第一，似乎也没有特别的做什么习题，就是把初中三年的语文课本几乎翻烂了，多数课文几可背诵，也许算是熟能生巧吧，现在还常常记得课文中描写的场景，例如吴伯箫笔下的《菜园小记》，至今还能让我闻到"芫荽"的味道。

(三)

高一开学第一天，教室走廊还有少许积水，下了几天的雨终于放晴了，北方的秋天云彩很高，天很蓝。

上的第一堂课是语文课，代课的语文老师也是我们的班主任，叫赵景团，三十多岁，瘦高个，眼镜片很厚。现在还记得那篇课文是《雨中登泰山》，老师讲的酣畅淋漓，声调随着手势起伏有致，让放晴的天气似乎又下起了雨，但这雨景不再烦人，竟也有了美妙的意境，高中生活就这样拉开了序幕。第一次点评作文我的也被点名表扬，朗诵的一篇范文是个女同学写的，她主要写的是我们的这个校园，描写得很是仔细，因为她几乎是第一次到县城，并且住校读书，这里的一草一木都进入了她的视线，让我惭愧的是自己在这里生活了三年，对许多东西却熟视无睹。

当时的高一有八个班，全年级在开学三个多月后进行了一次摸底考试，我的作文引起了监考老师的兴趣，他读完了兴奋地推荐给了另一个老师。那篇作文写得很即兴，但也很真实，记叙了我初中的一个同学（其中有个学期还和我同桌），他动手能力很强，对数学很有天赋,尤其是那种所谓的智力题，他解答真是轻松自如，而且思路也很特别，可惜他母亲早逝，家境困难，初中读完就辍学回家了，甚至连中考都没有参加。监考老师也教语文，他把我的作文拿去在他们班上作为范文讲评，并说他阅卷的话会给满分（这是在他班上的初中同学告诉我的），可我们的班主任似乎并不认可我的作文，只给了 48 分（满分 60 分），在我们班也没有特别的点评。我很不服气，随后的几篇作文都很用心地在写，渐渐得到了他的肯定，并作为范文在班上进行过点评。

高中阶段除了正常的写作文，我平常还写点自己感兴趣的东西。高二春节期间去另一个镇上的同学家，他带我去参观一个很大的水库，一路的白杨树，叶子掉光了，却更加挺拔飒爽，人家的屋前院后异常的干净，虽然是土地，但是扫帚的绞丝纹都一一可见，粗木门框上贴着朱红的春联。等到了水库我有点发呆，那是我第一次见到那么大的水面，这对我的冲击远大于后来见到的长江，回来写了一篇长文，自己十分满意，送班主任批阅。这篇长文在隔壁的班级被他通篇朗读后逐段进行了分析点评，这让我很是得意，期待着在我们班上的轰动，可是后来他把文章平静地还给了我，当然写了不少批语，并建议我多读多写，这让我很失落，但却更加较劲地读写，直到我读大学了才深刻地明白了他的良苦用心。

高二面临着分科，这让我异常的痛苦，按本性肯定会去读文科，可自己对几何和化学也十分喜欢，最后向班主任请教，他直截了当的建议我读理科，说是根据我们学校的升学率的实际情况还是先迈进大学门再说，理科将来也好就业，至于喜欢文科完全可以自学，就这样我最终读了理科，至今来看也说不上当初的选择是否正确，值得庆幸的是自己现在可以自由的读写，而不用为生计发愁。

高中以来也试着投了不少稿，基本都不了了之。记得有一次我把誊写的一厚本文章一起寄给武汉一个叫"卓刀泉"的地方，竟然收到了一份有我名字的收藏证书，并说马上要结集出版，但是要交五十元费用，我写信表示不参加出版，请求寄回我的稿子，当然没有了下文，等到我在武汉读大学时，有次路过这个地方又想起了我的文稿，厚厚的一本啊，它会被收藏在什么地方？

直到高三我鼓起勇气给自己十分喜欢的《语文报》投了几篇稿子，意外的是很快就发表了两篇，这两篇文章都是剖析所学课文的，其中一篇是剖析屈原《涉江》中"吾将方驰而不顾"与"乘鄂渚而反顾兮"字面矛盾与诗人的复杂心态。就这样我拿到了第一笔稿费，这次赵老师也很兴奋，在班上抑扬顿挫地朗读了我的文章，给了极高的评价。

我的读写要告一段落了，因为很快就要高考，那时我们那个小县城应届高考的升学率在 5% 的样子，虽然学习成绩还不错，但是谁也没有十足的把握就能考取，物理一直是我的心病，就这样我怀着几份忐忑走进了考场。记得那年语文考的是看图作文，是两幅漫画，都表现了粗心的医生给病人截肢时截错对象的场景，作文要求考生对两幅漫画进行分析，并说出自己喜欢哪一幅，以及喜欢的原因，这和我剖析课文比起来似乎简单多了，一气呵成。

那年我幸运（应该不算侥幸）地跨进了大学，而且进了重点大学，这多少要感谢语文的眷顾，我的高考语文成绩再次名列全县第一，而且在全市也小有名次，现在想想这得感谢初中学语文的老办法——反复阅读，反复琢磨，连课本后面附录的不作要求的古诗词基本全背诵了。高考备战，也做了些模拟题，现在还记得题海中的一句诗："马思边草拳毛动，雕盻青云睡眼开。"十分的喜欢，这也许是大浪淘沙后题海送我的金子吧。

我的班主任在我们高中毕业时也调走了，其实他在一年前就接到了调令，他被调入市里一所重点中学，其时他的内心也很矛盾和纠结，我作为学委和几个班干部去了他住处几次，代表全体同学劝他留下……就这样他一直拖着，直到我们高考结束，也算完成了一桩心愿，这让我们终生心怀感激。大学期间还保持着联系，工作后联系得少了，直至失去联系，偶尔在网上试着搜索了一下他的名字，竟然有不少相关信息，而且对应的也正是他本人，一一读来很是亲切，从这些信息中得知他现在工作得很出色，依旧是同学们的好老师，虽说"相濡以沫，不若相忘于江湖"，但我还是期待着某天见面，一定要再次面谢他对我的良苦用心。

（四）

以上是我各个阶段的语文课学习情况，还需要补充点课外的"读物"，因为语文的学习绝不仅仅发生在课堂上，而且靠课堂也一定学不好语文。

最早的启蒙读物是所谓的小人书，这些书相当一部分是从表哥、舅舅等亲戚那里淘来的，还有一大部分来自奶奶养的母鸡——她卖鸡蛋后给我不多的零花钱基本都买书了。现在还记得小学在街上收购店门口，从收破烂的手中花一毛钱买了本《木偶奇遇记》的情景，在读书的那两天自己俨然成了"木偶"，现在还记得这书的第一句话："从前有个国王，不，应该有截木头……"

能读的书不多，大概小学三四年级意外的发现一堆父亲中学用过的发黄变脆的课本，在里面有本《儿女风尘记》的书（那时根本不知道这就是小说），竟然一口气读完了，也许太进入状态，觉得自己就是里面乞讨的流浪孤儿，他讨饭的方式很特别，不知从哪里得到一截粗铜管，在别人家门口讨饭从来不敲门，就敲自己的铜管，这样一来反而更能得到施舍，这个细节我至今还记得。

前一段在网上搜索了一下这本小说，竟然可以下载，是一本写于20世纪50年代的小说，人民文学出版社出版，反映了受压迫劳苦大众家破人亡的流浪生活，当时的我根本没有读出什么阶级仇恨，一直觉得小主人公很勇敢也很机灵，好长时间都是我心中的偶像。

还记得在书店看到一本介绍动物的彩色图画书，印刷很好，价格不低，也不好意思问家里要钱。怎么办呢？去学校的路上有两排国槐，每年夏初都会开淡米黄色的小花，国槐的花苞叫"槐米"，晒干后可入药，每年药店都会收购。那年夏天我和弟弟带着小钩子爬了好几棵槐树采摘"槐米"，用了一个星期的劳动不仅买下了那本图画书，而且还有余钱买了两本别的书。

现在还记得那本讲动物的书里介绍大象是如何跪着用象牙敲打地面，通过听声音从而发现猎人设下的陷阱，还有大猩猩如何用嚼烂的树叶吸取蜂蜜，在成人看来这些至多有趣或者无聊，可在当时让我的一个暑假都充满了新奇与兴奋，尽管大象离我的生活很遥远。现在每年回老家，都要路过这里的国槐树，心里一再感谢它们的给予，二十多年过去了，这些树粗壮了许多，也沧桑了许多，曾经一起爬树折"槐米"的弟弟在十八年前意外死去，那年他十六岁。

高中大概花了二毛钱买了本《三案始末》的薄书，作者叫温功义，是本写明末三案的历史书，阅读时的场景感极其真切，光天化日之下我有身处阴暗恐怖的宫廷感觉，不时地看看身后的日光，确信自己是安全的。高考结束这本书被我送给了一个文科复读的同学。

直到大学读黄仁宇的《万历十五年》时才觉得那本书的分量。大三偶然在《南方周末》上读到李洁非写的一篇文章，讲的就是那本《三案始末》，他断言这本书不比黄先生的《万历十五年》差，学者读书要自有辨别好坏能力，真是心有戚戚。再后来工作好几年，在杭州的一家卖库存书的书店意外的发现了温功义书，这次是厚厚的一本，名叫《明代宦官与三案》，并且在编后记才算认识了作者，真是一位隐者与雅士，可是也知道了他在 1990 年 12 月就已经逝世，按时间推算我读他的著作时他已不在人世了，可这又何妨呢？

高中时通过朋友从县城的文化馆办得一本借书证，也许八十年代文化馆还风光过，等到我办了证件时才发现里面的书要么太老，要么太旧，老的呢是些古典诗词和经典小说，旧的课外辅导书和课本完全不是一回事了。于是就先后读了些老的书，借的第一本书是《历代诗歌选》，边读边抄，两天读完，竟抄了一大本，随后借阅的有《三国演义》《呐喊》等书，还有《大学语文》的课本。印象很深的是一套现代文学选的书，有厚厚的五六本，选的小说、散文和诗歌全是五四运动以前的，对里面的小说印象深极了，至今仍能记得一些细节描写。后来读大学了，文化馆更是衰落，寒暑假要去借书竟常常吃闭门羹，很难碰到人，最后一次又借出了那本《历代诗歌选》，而且不再归还，书里还夹着我好几年前归还时写的一首七绝（天真的期望能有人在借这本书时读到我的诗，从而遇到知己），这书至今仍躺在老家的书柜中。

我原以为在大学会有饱学之士来讲解语文，自己也可以请教一二，高中读《大学语文》时有些地方还似懂非懂，然而等进了大学才知道大学里英语很重要，不通过四级没有毕业证，语文可有可无，是没有学分的选修课。我心不死，还是报了《大学语文》的选修课，代课老师十分年轻，他第一堂课讲的是《诗经》，可惜朗读很不顺溜，讲解也干巴巴的，我似乎只去听了这次课，后面的一点印象都没有了。

（五）

大学毕业，离开武汉，先去大连工作了两年，随后又南下杭州，在杭州先后几次租房，每次搬家都拖着好几个编织袋的书籍，而且数量有增无减，这些袋子里装着我在这个城市赖以生存的"粮食"。只是因为居无定所，这些袋子基本紧紧地扎着口子，堆在房间的角落，随时待命搬迁。有时会担心她们久不见天日会不会发霉？会不会被老鼠啃坏？工作基本稳定的时候订阅了几份杂志和报纸，有年心血来潮还定了份《语文报》，曾经许愿将来还要给她投稿，可惜时过境迁，更多的时候是在加班，不说投稿，一年下来这份报纸基本都没有看，年底打包带回老家送给了在教中学的老同学。去年五月四日，我也沦为房奴，悲欣交集，编织袋里的书终于较为体面地站在了不大的书房里，儿子也在去年底出生，他将来的读书条件应该会比我好很多，至少我现在已经积攒了十几袋子的"粮食"，只是不知道他将来还会不会如我一般要学语文？和语文还会不会有这样的缘分？

改革开放以来，我们一个很大策略就是"文化搭台，经济唱戏"，前几年国家计划在全球开办一百所孔子学院，目标很快就实现了，接着又计划在2010年底将学院数量增加到五百所，估计这个计划也早已实现。

现在想想我们绝大多数大学毕业生所学的"汉语"不就是小学和中学那点可怜的应试"语文"吗？相信每个人学习语文的方法和心得都有所不同，但大家都在一样的时间读着同样的课本，甚至老师讲课的教参也都一样，上课都要划分段落，总结归纳所谓的"中心思想"。我们从小学到中学学的母语都叫"语文"，也可以叫作"国文"，往深刻里讲还可叫作"国学"，且不说应试教育的题海战术，我们通过这样的学习模式就能完成文化的传承？而高考一旦结束，几乎所有的大学（也许应该除去中文系）就迫不及待地把"语文"给阉割了，我们终于摆脱了"中心思想"？摆脱之后我们又剩下了些什么？

故乡方言略考

　　方言，从字面解释就是地方话，其实也可以叫土话。人是生活在一定的地域环境和社会环境中的，语言也就打上了环境的烙印，所谓风土不同，人情有别。少小离家，老大不回，即使远在异国他乡，一句家乡话甚至一个乡音就能瞬间将人带回曾经的场景，似乎每个人都有这种能力，因为它已渗透在我们骨子里。

　　我出生在黄土高原的三秦大地，具体说是在西安西北方向约一百千米的永寿县，这里的土地还属于关中，只是已不算平原，沟壑纵横的地貌已然明显。在读大学前，以县城为中心，自己活动的半径基本不超过二十里地，听着也说着家乡话长大。偶尔会在网上看到一些老乡整理的家乡话，因为以讹传讹，加之用普通话生硬注音，估计熟悉的人读来好笑，而他乡人却觉得莫名其妙。自己也曾零星的看过一些关于故乡方言的解说，实在是太片段甚至生搬硬套，前几年通读了一遍四大名著与《金瓶梅》，发现其中有不少家乡话的影子，尤其是《金瓶梅》中一些人物的对白就是现在家乡的老妪也能听懂。

我对语言不学无术，仅凭兴趣对自己较为熟悉的，也自认为比较有意思的方言略加考证解说，对那些只是因为地方发音不同而意思和普通话差不多的方言就不再赘述。

先说说故乡的历史吧。永寿县地处"秦陇咽喉"，为"古丝绸之路"第一站。南接闻名中外的乾陵，西邻东方佛教名刹法门寺，北界倚崖雕凿的彬县大佛寺。总面积889平方千米，人口19.16万人。夏属漆国，商、周时为周的先祖公刘、太王封地，属豳国。春秋战国时属秦。西汉初年开始建县，时名漆县，属雍国，先后隶属中地郡、内史地、右内史、右扶风郡。新莽时改漆县为漆治。东汉时恢复漆县，隶属右扶风、新平郡。三国时县境属魏，改属扶风郡……以上是在百度上看到的关于家乡的描述，似乎有过辉煌的历史，只是现在尘归尘土归土，连凭吊的遗迹都没有了，也许从下面梳理的方言中还能找到往昔的一些蛛丝马迹。

因为讲到历史，就先说说几个和时间相关的用语吧。我们那管去年叫"年始"，一年之始怎么会是去年呢？如果按照古人对时间循环延续的观念来理解也似无不可，唐朝诗人王湾的名句"海日生残夜，江春入旧年"不正是描述这种将未既未的状态吗？在我们方言中"昨天"读作 yàn lái，只是这两个字怎么写很难捉摸，是"雁来"？考虑到相近发音，应该写作"夜来"更合适，在古汉语中用"夜来"表示昨天，至少可推溯至唐宋，如白居易《观刈麦》诗"夜来南风起，小麦覆垄黄"，贺铸的《浣溪沙》:"笑捻粉香归洞户,更垂帘幕护窗纱,东风寒似夜来些。"《金瓶梅词话》:"次早起来……李安把夜来事说了一遍……"这些"夜来"就明显指的是昨天,而且这个时间也有前面"年始"描述的将未既未时间状态。"晌午"(中午、正午)、"后晌"(下午)与"黑夜"(晚上)似不用多讲,还有一个形容忽然、时间很快的用语——"倏(在方言发音为 chù)尔",经常说小孩子很机灵动作很快会这么说:"这碎娃倏尔不见了。"在中学学过柳宗元《小石潭记》的人可能会记得这样的描写:"日光下彻,影布石上,怡然不动,俶尔远逝,往来翕忽,似与游者相乐。"其中的"俶尔"实应为"倏尔","俶"的本义,《说文》释义为:"善也。从人叔声。"所以"俶"在柳宗元的文章里是个通假字,而"倏"在《说文》的释义为:"走也。"引申为疾,快速。

下面再说几个和动作有关的词语。去过西安的人估计知道"谝闲传"是什么意思,"谝"读音为 piǎn,意为"花言巧语、显示夸耀",《说文》的释义为:"便巧言也。从言扁声。"《周书》曰:"惟截截善谝言。"《论语》曰:"友谝佞。""闲传"当然是流言、谣言,当然也可以是历史掌故。济济一堂,道听途说,这个词有绘声绘色的能力。"扎势",意思为摆架子,虚张声势,打肿脸充胖子的意思,真可谓言简意赅。"咥"(音dié)在我们方言中意思为"吃",一般用于在饭桌上长辈叫小孩吃饭,或者很熟的同辈之间劝菜。字典的解释为"咬",这个字可见于《易经》:"履虎尾,不咥人,亨。"也是吃、咬的意思。在我们那管嫁女叫作"娶发",这应该算作一个偏意词,偏在"发"字上,似乎有打发之嫌,也许这是曾经重男轻女的"遗迹"。记得有一次吃饭,桌上一个北京的朋友说还是首都有文化底蕴,在北京问路,如果目标在前方,当地人会告诉你"笔直走",大家连连点头。我说在我们那放羊的老农遇到这种情况,只说两个字:"端走。"端者,《说文》释义为:"直也。"当然现在读过书的人基本都说"往前直走"。还有几个和说话动作有关的词语,"吱哇"(喊叫)、"杂呱"(唠叨)、"念喘"(嘟囔),因为这些词偏向贬义,经常会在前面加上"不"字,用在不同的场合和不同的对象,意义很微妙,不是一个"说"字能讲明白的。

可能因为方言的流传方式在于口口相传,更多词语为形容词和语气词,描摹一些事与人可谓绘声绘色、形神兼备,只是许多词只有在那种场合和发音语调中才有活力和味道,如同在他乡吃"某某地方菜",总觉得不是那个味。"宽展""齐整"和"收搁"在《金瓶梅》中的意思和老家日常说话意思基本一样,这几个词从字面大家也能猜出意思,只是在不同的语境中意思就不大一样了。"宽展"除了宽敞还有"心里舒畅"的意思,而"齐整极了"在不同的场合还有"好极了"和"幸灾乐祸"的意思。下面这些词不用过多解释,只需简单看字面就明白意思,可是它们与普通话的味道还是很不一样的,"细发"(节俭、精密细致,应该为心细如发的缩略),"骚情"(发嗲、热情过分、讨好献媚),"一满"(全部),"赢人"(风光、出人头地），"利朗"（灵活而无累赘），"利气"（洒脱、英俊），"毙咧"（完蛋了，指事态无可挽回），"麻咪儿"（不讲理、不明事理），"瓷马二愣"（不机灵、迟钝），"疙瘩麻块"（乱七八糟），"灶伙"（厨房）。后面这两个词让我会联想到刨了一窝土豆或者红薯，用柴火烤着吃的场景。从厨房飘出来的香味在方言中叫作"爨"，读音为cuàn，《广雅》释义为"爨，炊也"，《说文系传》释义为"取其进火谓之爨，取其气上谓之炊"，此字的本意为炊具和烧火做饭，只是在方言中基本被用做了描述香气很重的形容词，烤红薯的味道很"爨"，烤大蒜的味道更"爨"。

下面要重点解说几个方言中词，因为这几个词我以为很有古意，可惜经常会被用来只表发音的汉字代替，真煞风景。在老家表示很好会说"嫽得很""嫽咋咧"，其中"嫽"意为很好、美、聪慧的意思，这可见于《文选》"貌嫽妙以妖蛊兮，红颜晔其扬华"之句。还有说人心里不舒服，思绪烦乱会说"心里缪（读音为móu）乱得很"，在古语中麻十束为"缪"，意为缠绕，十束麻缠绕在一起心里当然会烦乱了。不过这个方言经常也被写作"瞀乱"，"瞀"读音为"mào"，本意为眼睛昏花，心绪紊乱，语见于《庄子·徐无鬼》："予少而游于六合之内，予适有瞀病。"又见于屈原《惜诵》："中闷瞀之忳忳。"还有一个接近的词为"缪囊"，意为行动迟缓、浪费时间的行为，这个词总让我想到锥处囊中，因为不能脱颖而出所以就变得"缪囊"，十束麻缠绕着还处于囊中，这样处境的人是不大会有出息了。"叵烦"，方言读音为"pò fán"，方言意思为不耐烦，纠结。《说文》中释义："叵，不可也。"《正字通》为："叵耐，不可耐也。""镵火"方言读音为 cán huò，意思为锋利，说话、办事一针见血、毫不留情，"镵"正确读音为 chán，本意为锐器（传说中的神器），还指古代的一种犁头，又是一种挖草药的器具。"斡旋"这个词我们会经常在新闻联播中听到，"斡"在《广雅·释诂四》释义为"转也"，"斡旋"即为调解、把弄僵了的局面扭转过来。在我们方言中常用的一个词叫"斡也"，意为舒服、整理收拾得很好，这个词在不少场合也可以和前面提到的"齐整"替换，可见其意义很接近古意了。

说了这么多方言，似乎格调都很高雅，孔夫子不是说"食色，性也"吗？在日常的方言中难道就没有体现吗？先看看这些词吧，"怂人"（胆小怕事的人）、"怂货"（坏蛋）、"怂娃"（坏娃）、"碎怂"（小坏蛋）、"冷怂"（愣头青）、"哈怂"（坏蛋，在有的语境有亲密的意思）、"争怂"（有本事，装酷），这么多与"怂"有关的词语，而且基本指的都是人，这"怂"到底是什么意思呢？辞典中的释义很简单："（怂恿）鼓动别人去做某事；惊，惊惧。"在这些语境中"怂"字明显与本意无关，但是在书面语中基本还写作"怂"，所以这只是个记音的别字。在网上再三搜索都没找到别的解释，目前也没有找到与本意对应的字。"怂"字在前，姑且可理解为形容词，这时意思从"怂恿"，可以展开理解为不着调，或经不住怂恿的意思，如"怂人""怂货""怂娃"等；"怂"字在后，可以理解为名词，在我老家"怂"

还指男性的精液，如果瞧不起某人，加上对方又呆头呆脑目光迷离，经常会说："瞧这货，冷怂黏了一脸。""怂"从方言意思"精液"引申为生殖能力，再引申为生命力旺盛，体格强健，而且主要指男性，如"碎怂""冷怂""哈怂"等。还有一个经常说的词是"二锤子"，做贬义词，形容一个人胆大妄为，办事鲁莽武断；当褒义是指一个人十分豪爽，但这一意义只用于关系很熟的人之间。只是"锤"字经常被写作"锤"，其实锤即短棍，古代和现代常用锤、棍棒来形容人，如鳏夫为光棍，半懂不懂的人为棒棒，坏人为恶棍等，"锤子"加上表示性意味的"二"就构成了"肉棒（阳具）"的意思，这和前一段网上流行语中的"2B青年"遥相呼应，只是这"B"更偏向阴性。

不觉间已在杭州生活了十多年，平常主要活动在江浙一带，吴侬软语，极具特色，尤其是浙江方言众多，不要说一县不同，夸张点的河两岸人互相听不懂对方的话。请教过当地的贤达人士为什么会这样？不算正式的答复是古代中原的"先进文化"因为种种原因传到江南，尤其是文字的统一使得各个地方的人采用书面文字，以"看"的方式相互交流成为可能，如此一来反而倒是促进了方言的繁荣。只是当今这种形势不容乐观，因为网络的全覆盖介入，加上我们教育体制的影响，在年轻一代方言就渐行渐远了。按理社会发展对个体来说最大的价值就是空间的扩大和人身及思想的自由，从实际的情形来看个体的目的似乎达到了，可是在全社会层面来看却变得越来越均质与扁平，衣食住行与说话都有趋同之势，这也是目前发展的悖论。

更为紧要的是整体的资源很有限，我们过度消耗着有形的资源，诸如方言这种无形的资源也被我们不经意给消灭了。

方言的存在依赖于较为封闭的地域性和相对稳定的人群，而在改革开放的当下社会，人口流动极为频繁，加之全球化进程日益加剧，大有"环球同此凉热"之势，看看网络流行语中的英文字母"B"就知道了。

方言的逝去是既往生活的挽歌，它们是与曾经的生活相匹配，如今皮之不存毛将焉附，我们逝去的所谓"传统"还少吗？我们也大可不必为之痛心疾首，将所谓的"传统"如同大熊猫一样保护起来，甚至为之人工繁育，以供我们在动物园观赏。其实我们更应该反思一下它们为什么会消失了？随着它们的消失我们又得到了什么？也许只有在弄清楚了我们想要成为什么样的人以及我们应该秉持什么样的价值观之后，才有可能来讨论"方言"应该是什么样子。

时值端午，遥望西北，屈指算来自己从高考离开家乡至今已有二十年，有一半生命在他乡度过。从读大学起待在老家的时间越来越短，说方言的机会也越来越少，最后人活得东倒西歪，话说得南腔北调。今天以一己之力对自己较为熟悉的故乡方言略加梳理考证，还有教于方家指正。

西北偏北

公司一年一度的旅游开始了，今年计划分三批出行，至于去哪里一直从初春争执了到初夏：香港无趣，台湾太土，日本太俗，韩国算了，新马泰过气，欧美太远太贵且时间不够……去国内景点？那还是算了吧。可谓放眼全球竟无可游之处，何况众口难调，最后时间到了，竟然都顺利成行。公司制度规定每年的旅游要舍异求同，如果坚持己见就视同弃权，而且别人旅游的时间你需要加班作为惩罚，之所以这样要求的解释是——旅游是福利更是促进团队建设的必要环节，不支持者就是破坏团结！只是我发现了一个规律：旅游结束后往往是员工跳槽高发期，也许是大家出去开阔了眼界，心胸就广阔了许多。我就是在这样的名义下年年旅游着，得了好处还卖乖实不应该。

出去旅游印象深刻的几次还真都是在国外，这不是我崇洋媚外，实在是场面难忘。其一是 2005 年去法国、意大利，罗马圣彼得教堂边上的邮局挤满了人，大家在排队给家里寄明信片，多数是自己寄给自己——好为到此一游留下持久的回忆。同行的副院长在填写明信片时搞不懂格式，就探头询问旁边的人，这一看不要紧——"我们是老乡啊！竟然住在同一个小区的前后楼里！""这么巧啊！难得难得，这才叫缘分，回去一定多联系！"他们激动的握手换名片，这激动一直持续到了回国许久还是饭后茶余的谈资。二是 2008 年去美国，我和一个同事背着相机在灯火辉煌的拉斯维加斯赌场进进出出，在一个超大的赌场大堂我竟然面对面的撞上了大学一个同学，我们毕业八年没有任何联系，这次见面可谓萍水相逢，又是握手又是换名片又是唏嘘——再三说回国多联系，如今过去已五六年，我们仍无只字联系，而且连那份奇遇的惊讶也淡然若水了，还是相忘于江湖吧。三是 2011 年去瑞士，我们先行从杭州出发只做一国"深度"游，上海公司的同事后继出发，他们报了瑞士、法国和意大利的三国游。在瑞士的一天晚上，我们被导游七拐八拐的带到一个小镇的中餐馆，大家都饿了，埋头苦吃，一抬头竟然又是故人——上海公司的同事正姗姗迈进餐馆！一时大呼小叫：世上竟有这么巧的事！我大抵咬破了颗花椒，嘴巴和神经都已麻木，吐了口水才发现自己牙咬碎了，庆幸舌头完好。

新锐建筑师马岩松做了一个"鱼缸"作品：他观察到自己鱼缸里唯一的那条鱼每天游行的路线很规律，就在那么几个不同标高的水面沉浮前行，于是他就用笔在鱼缸外面画出了鱼的游行线路图，按这个线路图做了一个玻璃管道，然后给玻璃管道注满水将鱼放了进去，就成了量身定做的"鱼缸"。出国几次的"奇遇"让我觉得自己就是被扔进了"管道鱼缸"，尽管外面的世界不乏色彩斑斓，但自己的线路图却尽在一管之中，而且这管道还不是单独为自己量身定做的，而是为许多不同的人同时而作，所以才有时时碰头的"奇遇"。因了这"管道鱼缸"让我对马岩松有了不少好感，但我想他一定比那条鱼还寂寞还无聊，那条鱼也许早都死成咸鱼了，而马却因"鱼缸"而闻名。公司在某种程度上就是一条条"管道鱼缸"，出外旅游的这几天只不过成了旅行社的"鱼"罢了，如果你不甘心成为管道里的鱼，那就得有离开水也能生存的能力，要知道马岩松设计的管道鱼缸外面是没有水的，也许我该庆幸自己还可以悠游于管道，因为现在直接腌咸鱼的公司为数不少。这样看来井底之蛙也不见得就那么不好，至少它心无旁骛，达摩只面一壁不是就成了祖师么？如果他在井底面壁可能得道更快。

其实小区的狗狗们在这个时节也有着同样的烦恼，近处的路灯杆、树桩都被自己多次光顾，远处的因主人牵绊无法抵达，去的迟了被别人捷足先登，真是急煞狗也，一时汪汪不止。初夏的清早，小区两个晨练回来的老人驻足拉着家常，各自手里牵着缰绳，两只狗狗亲昵地擦肩摩颈相互撕咬，尽管狗狗们因缰绳牵绊占据不了更多的路灯杆，但是它们还是幸福的，每天早上都能和老友叙旧一回。

经常和程院士出差，路上无事就随便闲聊。他感叹现在的人都怎么了，为什么就不能安心好好做点事情，当教师的不是为了把书教好，而是为了当上教导主任、校长、局长乃至厅长部长，当官的更不用说了。相比他五十多年如一日的工作在一线,的确值得感叹,并且让人敬佩。我则感叹现在生活的单向性:我入大学前一直参加春播秋收,而考入大学后就再没有机会参加这样的劳动,因为寒暑假时都赶不上这样的时节,等到参加工作了基本一年回家一次,老家在我的回忆里就只剩下了肃杀的冬天。程院士说你可以在合适的时节自己回去看看啊,我说真的很难,这些年下来国内外无论是旅游还是出差倒是去了不少地方,就是回家很难,幸亏还有春节在。我们还聊起他在工程院牵头的研究课题,那是个很宏大的课题,是关于东西方文化差异大背景下中国建筑现代化之路的研究,我调侃现在东西方之差异是有的,但是似乎没有我们国家东西部差别大,想想东部发达城市的不少人出国如同进城,不少人在为刚读小学的子女张罗着留学,更有一些提前移民了,尤其是现在东部发达城市的人对国外的奢侈品如数家珍,香榭丽舍大街刚上市的新款香水几乎全球同步,至于苹果手机、好莱坞大片就更不用说了。而没有发展起来的西部基本就成了历史中的传说和现实中的无奈,东部对西部的认识似乎除了汉唐遗存、敦煌石窟外,就剩下新疆和西藏的广袤与神秘。

春节回老家,抽空去了传说中的老县城,老县城位于解放后新建县城的西北,距离也就三十多里路,可惜一直没有去过。小面包车挤满了走亲访友的老乡,车窗外的沟壑愈发显得空旷寂寥,道路两旁的白杨树笔立挺拔,遍野的洋槐树则弯曲遒劲。很快就到了老县城——就一个恬静的小村子,有条较宽的路两边有商店、小邮局和储蓄所之类的。村子在沟边,村旁有一不算高的土山，山腰处有一古塔，照片之前是见过的，没想就近在眼前了。拾级而上，直抵塔前，从一块石碑文字知道该塔建于北宋年间，名为武陵塔，塔前原来有寺庙，香火也曾旺盛过。绕塔转了几圈就顺阶散步而下，这才发现道边有座亭子，做工粗糙，亭子里有块石碑，刻有"虎山"两个大字，开始以为是近来的仿古景点，走近细看碑文，让身为建筑师参与城市快速建设的我心情难以平静。碑文如下："永寿旧城之南有山曰'虎头'，岁申戌，澄之奉命修筑西兰路段至此山，观咸所及，不忍修筑，遂商同芸石县长，易其名曰'虎山'，以示崇虎，领袖西北之意。工竣之日，爰立石道旁，用资垂远云尔。"落款是"第十七路军特务二团营长王澄之撰，永寿县长祁芸石书"，时间为"中华民国二十三年"。碑身背面是筑路捐款者及捐款数目，多者银子几十两，少者麦子几斗几升。山下是蜿蜒而去的西兰公路，正是八十年前碑文提及的国道，史载丝绸之路就是从长安出发，顺此老路而西去，据说当年胡宗南也是沿着此路开进延安"剿共"……路边不远处有块高悬的路牌，上面写着"兰州510km"，那是个更西北偏北的地方，距离玉门关不远。如今阳关依旧，故人何在？

东南沿海城市之间高速公路特别发达，前些年我经常因为项目原因坐大巴车穿梭于城际之间，车窗外时时可见粉墙黛瓦、小桥流水的村子，尤其是江南三月，桃红柳绿，油菜花将大地染得一地金黄，只剩下蜿蜒的河道缓缓而去。一些路线反复往来，什么地方有荷塘，什么地方有大树，什么地方有小庙，基本都记住了，只是我常常纳闷——这些恬静的村子何以要修得距离高速公路这么近，不嫌吵闹吗？看着公路下联系村子的涵洞突然才明白，封闭的高速公路如同一把锋利的快刀切开了大地，并且使得完整的村子一分为二。大巴车上往来的人们就如同置身密封玻璃管道，或心不在焉，或充满好奇地看着窗外的风景，我是那么好奇山坳里孤悬的那户人家他们是怎么生活的，是否也有小孩读书、工作再游走远方？

有一次大巴车停靠在服务区休息，临开车时一个背包的青年不愿意上车——他说要去看看这里的山水与村子，司机反复劝阻，青年人问司机怎么才能从高速公路上抵达那里？大巴司机说那不是他的事情，他只负责将乘客从这个城市运到另一个城市，沿途不允许有人擅自离开。司机劝阻未果，他让那位青年写了后果自负的承诺书并且签字，然后又让车上的乘客一一签字作为免责证明。隔着车窗看着背包青年离去的身影，我的目光被拉得又长又远，我的背包就在身边，可是里面却装满了修改的蓝图……

随着高铁的兴起，近几年我几乎再也没有坐过大巴车，那些曾经熟悉了一段时间的村子和田园也渐渐模糊。暮春时节，高铁窗外，平畴漠漠，劳人星星点点，一头水牛兀自昂首向天，坟头的纸花尚新。那不是父亲吗？他像一棵沧桑的大树，守护着田野与坟地，刹那间我们相视而过。我穿过了别人的家园，一列火车也正在穿过我的故乡……

永寿老县城，远处为建于北宋的武陵塔

第二章　暮鼓晨钟

王公子别传

　　前几日得大学室友王岳书稿——《东牟人物志稿》，竖排版，繁体字，加上大有太史公之笔法，让我恍若隔世。查了一下字数，竟有13余万字！仅读了前面两篇序言作罢，对后面的内容基本没有任何兴趣，因为那都是些地方志，研究考证性很强。说来惭愧，我至今读《史记》也就限于课文选编的那几篇。但是他的书稿对我的震动却是巨大的！惭愧之余发去祝贺短信："盛世修史，乱世创史。今朝何夕？混沌不堪。太史之笔，当修大史。东野山人，弃俗不羁。蓬莱仙岛，自有孤芳。"治史之人少有为己立传，即使有也是简短寥寥，今看此稿再忆斯人，于是便有了凭一己之见为王公子（他喜欢这样称呼自己，也乐意别人这样称呼，恭敬不如从命吧）做传的起因。

　　初识王公子是在1996年刚入大学，我们在同一个宿舍生活了五年。他是山东烟台牟平人，其面色白皙，眼睛眯缝眼角下弯，加上带着无框眼镜，让人觉得脸上更简洁，加上他为人木讷，羞于言辞，尤其是对女生更是面赤无语，这让他介绍自己籍贯时很没有底气，然其内心狂热甚至狂躁，一出言即有惊人之语。

记得大一军训结束不久他和同宿舍另一同学去南湖边钓鱼，他的装备仅一支撑蚊帐的竹竿和钓线钓钩。他们在湖里钓鱼不到，竟然把钓竿伸进了一旁的鱼塘，王公子不幸为渔民当场发现并抓获，钓竿被折又挨两个大嘴巴，本来还要拖到学校，在他们再三哀求下才得以解脱。当他回到宿舍时我们几乎辨认不出——脸被晒得通红，左右两颊手印明显，原来细长的脸圆润了不少，经他解释大家才知道了原因，于是就劝他以后出外要小心谨慎，结果他不屑地说："知道吗？我从小还没有挨过打，那两个耳刮子抽的我眼冒金星，真他妈的过瘾！"闻此，众人皆倒。

王公子在家为独子，其父中年得子，宠爱有加。据他说在大学前两年寒假回家，其母为他八十多岁的姥姥洗完脚后非要按惯例给他洗脚，他不允，母亲就流泪说是他在外面变了，学会了嫌弃人，这让他很是难受。而在学校的他却是行为不羁，常常看着通宵录像，听着朋克音乐，尼采很快是其偶像。武汉夏天火热难耐，记得他常常会光着膀子，抱着一把吉他，赤着的一只脚踩在宿舍的方凳上，几年了还难成曲调，却伸长了脖子在嘶哑地吼着："有没有斗争过——！"他上身的肋骨历历可见，汗水已经湿透了大短裤的裤腰……

王公子有一时期特别痴迷黄色小说和黄色图片，当然那个时期我们都多少喜欢过，只是有人莫不开面子会假正经罢了。不同的是他竟然边读黄文边根据其情节插配相关黄图，说是这样方便后来者阅读，这又让众人愕然不已。不幸的是有次他正在宿舍电脑上认真"工作"，被来宿舍玩的同班川妹子发现，这位妹子起先就站在他后面不言不语地看着，突然发出了银铃般的笑声，这不亚于一排子弹，让王公子心惊肉跳，后来大家多次吃饭时这位妹子总要冲着他说："王岳，啊——"然后就是哈哈不止的大笑，这样一直笑到了毕业聚餐。起初王公子总会在笑声中颤抖面红，时间久了就报以腼腆一笑。其实真正让他伤心的是都大二下学期了，班上有位女同学竟然在发作业本时走到他边上问谁是"王岳"，他为此一直耿耿于怀，常常感叹——真失败啊，太失败了……

大五上学期，我们一行三十余人去湖北荆州调研实习，由大名鼎鼎的胡老师带队，胡老师"能喝"是出了名的，百闻不如一见。那天大家真的见识了胡老师的海量，更意想不到的还有王公子的惊人之举，他竟然和胡老师一样都是来者不拒，平常他在宿舍也喝喝小酒，一瓶"二锅头"都要喝个几天的。最后的结果是他们两个在半夜被送到医院挂点滴，本来实习也就是走马观花的，何况出了这样的事情，第二天下午大家就打道回府了。

建筑设计专业让很多同学大出风头，因为大家可以用很夸张的形式和色彩来表现自己的想法张扬自己的个性，可惜在这方面王公子并不突出，因为他也是稀里糊涂的读了建筑学专业,加上以前也没有绘画基础,每次画的图都是苍白无力,加上懒散,几年下来仅设计一门课程就有三次不及格。不过我却记得他几个作业,一个是大三时做的电影院设计,他那时不知为什么特别的迷恋布雷和列杜的作品,于是就把电影院设计成了一个球体,入口是个圆锥体,又在一旁立了一根直挺挺的大柱子做宣传用。表现图是用水彩画的,他的水彩不敢恭维,一切都是那么苍凉荒凉,颜色也很单调,画到最后他向那根大柱子上吐了吐口水,让上面形成斑驳的痕迹,这画面让人触目惊心,问其原因,他解释电影是欲望的表现,电影院是欲望展现的场所,柱子上斑驳的痕迹象征着精液……听到这,众人皆倒。

印象最深的是他的毕业设计。那年我们毕业设计分了好几组,王公子那组是做武汉的旧城改造题目,可以说是真题假做。汉口因为有大量的里弄建筑,现在这些房子年久失修,产权和住户关系复杂,他们那组就是先调查现状,再分析研究对其进行合理的拆除、修复、改建和新建从而达到有机更新的目的。应该来说这个题目有很大的现实意义,因为政府和开发商这几年也已经开始在做这件事情了,何况许多城市已用"旧城更新"的口号大举拆除残余的城墙和古建筑。

王公子最后交的作业很特别,有几张简单的线条图,还有几张拼贴的表现图。他的总图规划很简单,很随意的一条直线把城市老区一分为二,这条线一侧的全部拆除,另一侧则全部保留,夸张的是这条线从少数建筑物中间穿过,那这个建筑就拆掉一半保留一半。别人问起这条线有什么意义和原因吗？他则反问难道这不是意义吗？你们做的又有什么意义和原因呢？众人一时无语。他那个时候又在迷恋"非物质化"。那几张线条图是很简单的平面图和立面图，他把新建的一个办公大楼卡在两座老建筑之间，这样新建的办公大楼就只有了沿街的一个立面，他又把这个立面设计成了极简单的玻璃幕墙，这样他基本半天就"设计"完了新建建筑。拼贴的图则更有意思，上面什么野兽、比基尼、洋酒、钞票等等都有，他解释简单的建筑立面可以当作投影屏幕，这样可以在市区各个繁华地段安装上摄像机，把拍摄到的图像可以即时投射到建筑立面上，传统的立面就没有了物质感，这让同学们大跌眼镜。我觉得很有意思，就建议他把图案拼贴在一面大镜子上这样就更有意思——在图面表达就开始走向"非物质化"，这样别人的指指点点也就成了设计的一部分，他深以为是，可惜一问那么大的镜子价格最后还是放弃了，看来"非物质化"也是需要金钱来支撑的。他拼贴的另一张图中间是武汉当时第一高楼——圆柱体嘉利广场，在高楼下面两边是两个鸡蛋形的国家大剧院的方案图，最下面是一张从报纸上剪下来的人民大会堂开会的全景照片——黑压压的人民代表一排排的像一片草地似的。他在这张拼贴图下面写了一行字："嘉利广场，国家大剧院，居住区改造？CAO！"他这张图表达的意思特别激进，为了便于大家理解我需要简单交代一下当时的背景。嘉利广场当时是武汉最高的楼，曾经人气非常旺，下面的商场整天人头攒动，据说是一个港商投资开发的，这幢楼的位置也是利用拆除的老居住区来建造的。

在我们大四那年竟然发生了投资商携巨款逃跑的事件，好在出境时抓住了，结果回来审理时又逃跑了……后来竟然查出这个家伙一共仅仅投资了几百万元，其他的钱都是向政府银行贷款的，而当初因为建设拆迁的居民安置至今没有着落，拆除的两所学校也是至今没有还建！这事情当时《南方周末》用了好几版报道，而且报道了好几次，最后好像也不了了之。还有国家大剧院当时正在向全球征集方案，开始选中了法国建筑师安德鲁的方案，结果又有一些院士联名上书要求废除这个方案，这些人中据说竟然还有开始推选这个方案的评委，这件事也是闹得沸沸扬扬，我们做毕业设计时还没有最后结果。交代了这些再来看王公子这张拼图的意思就不言而喻了——这一切简直就是在操蛋！

毕业时，王公子有惊无险地拿到了毕业证，当时评分老师多数是要给他不及格的，据说多亏李巨川老师的坚持，其他老师才勉强给了他个 60 分。为了感受体验深厚的文化，他很随意地找了个单位就去了京城，大家同室五年就别一朝，平常联系的就很少，人人都在忙忙忙，似乎不忙就不是人了，这些年下来我和王公子的见面还算是多的——应该有四次吧。

记得毕业后初次见他是在工作一年后，我当时在大连工作，回家要在北京转车，就逗留两日去看他。在冬天光线昏暗的半地下室宿舍，他给我展示工作之余的几个作品，其中一个是关于 S 和 M 的装置构想——一个极限小空间的笼子，笼子底下装有滚轮，在里面只需移动身体位置即可完成吃喝拉撒的基本功能，当然睡觉更是没有问题的，夸张的这笼子关的宠物竟然是个女人，脖子上带着项圈，由一个绅士模样的人牵着，看到这我不知该说什么，只是越发觉得这地下室的压抑。后来我们去边上一个小餐馆吃饭，啤酒也是冰冷的，我还是说了不少话，他偶然插一句或者点点头抿口酒。

工作大概三年的样子吧，王公子来了我工作的城市，这时我已经到杭州工作，他也辞职准备去考南大的研究生，那时的南大建筑研究所很活跃，成了年轻学子向往的精神圣地，李巨川老师也已经在这里正式带课，这对王公子就更具有吸引力，按他的生性似乎待在学校做学问教书更合适。他在杭州逗留的那几日，细雨霏霏，我们还是去了西湖，一向对山水没有兴趣的王公子在湖边惊呼："妙不可言！"他看看四周，觉得西湖边也就三面环山一面城，并不像那些"权威"说的西湖已经被高楼围成井了。王公子又大放厥词："如果直接委托那些权威和老不死的在西湖边盖高层，他们比谁都来劲。看看北京被糟蹋成什么样子了，呼吁保护的是一些专家，参与破坏建设的也是这些专家，其实他们根本就不在乎这样做是不是会造成破坏，他们更在乎是不是让他们来做！"后来考研的结果也没有什么意外——他没有通过，他的英语差是由来已久了。无可奈何，他又重新开始了工作。

大学的那位川妹子是个热心肠，已经结婚了还常常打电话过来聊聊天，每每总要问及王公子。在听说考研的事情后就要了王公子的手机号码，结果当天晚上她又给我打电话，气呼呼地说："太气人了，真他妈的不识好人心！问他有没有女朋友，他竟然说身边所见都是俗人。我问他是不是还在惦记着某某某（王公子在大学暗恋某某某已是尽人皆知），他说是啊！我劝他现实点，人家早都结婚了，我们已经老大不小了……谁知这家伙竟然说我也是俗人，真是气死我了！……"听着她在电话里炒豆子似的抱怨，我就暗暗发笑，王公子已不复是当年玩插图的大男孩了！

去年王公子又路过杭州，这次他是去女朋友家办结婚手续的，我一时无语。大家一起又在西湖边走了一圈，照例吃饭喝酒，他微胖的脸上挂着少有的笑意。送走他我才发现竟然忘记送上祝福的话语，更谈不上送上贺礼了。

结婚后他离开了北京，又来到杭州找工作，因为他老婆是浙江人，结果找了好几天也没什么结果。我让他发了份简历看了看，他竟然把他大学的代表作和业余设计也放了进去，这还不吓坏了那些招聘主管脆弱的神经。我打电话给他说这是在找工作，那就按找工作的套路做吧。他无奈的重做了工作简历，很快就有了成效，结果几次面试下来也没有特别合适的。他悻悻地问我这个城市有没有真正有点想法想真正做点事情的工作室？我使劲地想了想，摇了摇头，这里只有柔媚的西湖啊！他后来去了上海的大舍事务所，是一家自己还算满意的工作室。

有天接到王公子短信："我当爹了，是个儿子！"我沉默良久才发去祝贺短信："后继有人，薪火可传，可喜可贺！"随着孩子的出生，加之王夫人没有固定工作，上海越发不易居住，王公子无奈只好退居烟台老家。工作相对轻闲，于是他整理考证家乡古书与古迹，并且与几友联合创办"胶东书院"，诗文应和，偶有文章结集印刷，倒也自得其乐。

2016年暮春，我因事进京，相约的大学同学在电话中说见面时会给我一个惊喜，赶到包间，王公子竟然赫然在座！细问才知，由于近两年建筑设计行业的萧条，他在老家待的设计公司倒闭了，春节后只身进京谋生。酒足饭饱，众人道别而去，我问王公子晚上可有空闲聊，他说行，于是我们在酒店长聊至后半夜。清早起床，我问他可否同去圆明园，他说好。这是我第一次走进圆明园，虽为北方，但此时也是草长莺飞，杨柳依依，尤其是草坡上密密麻麻的紫红色小花亮得耀眼。我们边走边聊，彼此似乎都有点心不在焉，半日游园结束，在落花时节就此别过。我将在圆明园摘的一枚青杏放入嘴中，酸爽之味，一如旧时。

附录：《东牟人物志稿》自序

　　王子寡言，深以为病。一日读得栖邑郝懿行清史有传，称其"为人谦退，讷若不出口，然自守廉介，不轻与人晋接。遇非素知者，相对竟日无一语，迨谈论经义，则喋喋忘倦。"王子至此，欣然自释：吾不孤，有乡先贤与相若，真五百年后复有扬子云也。自此，王子甘于讷言，终日昏昏默默，若无知焉。一朝触机勃发，积尺寸之功，终成今秩。

　　是书据嘉靖焦志、同治州志、民国县志三书辨析本地人物脉络，益以所搜集零散之史传地志资料，于二十四史中寻因引据，欲明天下事于一隅何，一隅事关天下何。力竭书成，阅罢差强人意，知天下事不可己意强之，庶几其可也。

　　凡言人事，必有喜怒好恶，书生不敏，力辟妄言，或终不免，有君子于笔端知我者何妨一笑；然风土人物，系游子拳拳之心，思乡爱土者能不无动于衷？

轮语

轮子的发明是人类的一大创举，因了这轮子人们举重若轻行走自如，迁徙与搬家显得不再沉重与犹豫，当然漂泊与流亡的也就更远。轮子让人们获得了空前的速度，独轮车、自行车、摩托、汽车、火车……最近的高铁屡屡刷新着时速的纪录，磁悬浮、飞机乃是最终摆脱轮子后赢得的更大速度。在这个大谈"接轨"的时代，不妨先来看看我们要去接轨的轮子和车子。

古代牛车车轮

独轮车应该是最原始的一种车子，一只轮子既担负着承重，又主导着方向和平衡。似乎没有见过真实的独轮车，印象最深的是陈毅元帅对它的评价：淮海战役是人民用小推车推出来的，此小推车即独轮车，《大决战》中也有表现。电视剧《恰同学少年》中有一幕少年毛泽东用独轮车推着母亲出山治病的镜头。今年秋天到韶山冲，山路依旧，只是往昔的独轮车已绝迹。

两轮的自行车从发明以来一直似乎是时髦、自由与浪漫的象征，因为人们借助增加的一个轮子摆脱了独轮车对人身体的束缚，如果说独轮车是车在驾人，而自行车就是人驾车了。《末代皇帝》溥仪皇帝在紫禁城欢快地踩着自行车，身后的一帮大臣哭天抢地步履蹒跚的追随着，"体统"就这样被他打碎甩远了，同时打碎的还有江山美人。记得小时候看的影视剧和小人书中，自行车往往是汉奸和伪军的代步工具，尤其是黑绸衣、中分头、斜挎王八盒子骑自行车的"敌人"形象至今还清晰记得。解放后自行车终于成了人民的工具，然而人多车少，相当一段时间就成了身份的象征，邮递员骑的绿色专车简直就是如今的"宝马"。最浪漫的莫过于大男孩将自行车踩得飞快，吓得女友尖叫着死死箍着他的腰。《阳光灿烂的日子》里，机关大院是年轻人生活的场所，自行车是他们离不开的道具，上学、泡妞、打架、发泄情绪都靠自

《阳光灿烂的日子》剧照

《小武》　　　　　　　　《十七岁的单车》　　　　　　《偷自行车的人》

行车实现，青春的激情与力量在踏板、链条和车轮间传递与
张扬。曾经婚娶中的"四大件"就有自行车，这应该是自行
车走向寻常百姓家的开始，我一直认为改革开放早期形容现
代化的"车水马龙"说的就是城市道路交叉口川流不息的自
行车，而不是现在导致交通瘫痪的小汽车。

　　不知何时起自行车走向了没落。贾樟柯故乡三部曲中的
《站台》有张骑自行车的海报：一车三人，一人张臂做欲飞状，
后面倒坐的人是那样的落寞与无奈，脚下的自行车再也不能
给他们提供激情与自豪，时代变了，包括人还有脚下的车。
《十七岁的单车》中的山地自行车既是谋生的工具，也是介
入城市生活的道具，然而它毕竟只是部单车，青春是青涩的
也是残酷的，似乎连《偷自行车的人》里面的温情都没有了。

　　在这个与时俱进的时代，自行车终于在沉默中爆发了——
电动自行车诞生了！一时间成了"绿色环保"的开路先锋。
谁知这车跑得太快，加上刹车不大好，到后来竟成了马路杀手，

前两年各地政府有对其取缔的念头，可找什么理由合适呢？这样的车到底是不是机动车？专家结论不一，最终这个非驴非马的东西还继续跑在路上，它的身份真有点像牲口中的"骡子"。电动自行车我没有骑过，小时候特别希望能骑上摩托车去兜风，可惜现在摩托车被城市阉割了，只剩下了巩俐那句"大洋摩托，心随我动"的广告词。常常看到骑电动自行车的人拎着电瓶，若干年后这一代人不光右手的食指特别有力量，右臂的力量也会相当厉害，只是腿都退化了。

2008年冬天出差北京，去了798，意外地看到了艾未未的作品——一块长方形的地面上平铺一层"永久牌"的自行车碎片。在他博客上已经看过这个作品的制作过程：电锯火花四溅，工人们将几十辆崭新的"永久牌"自行车肢解为五厘米长短的碎片。暴力野蛮的过程，触目惊心的结果，这就是我们曾经引以为豪彰显身份的"永久牌"吗？到底是什么让"永久"消失了？这个世界还存在"永久"吗？展厅里上了年纪的人时时驻足，从这些碎片中辨认出了曾经的"永久牌"——"快来看！这是永久自行车啊！"艾的作品给我的触动还是很大的，我"盗取"了他的一个碎片在机场也做了一个作品，题目为《有"永久牌"的生活》。

轮子的组合很奇怪，两个轮子在一条线上为自行车，看似极不平衡却能行动自如，而两个轮子并排组合的车就要靠牛马来拉，不济的时候也靠人来拉。这样的车被牛马和人拉了很长的历史，最后也拉出了人类自己的历史。"车辚辚，

《骆驼祥子》

马萧萧,行人弓箭各在腰。爷娘妻子走相送,尘埃不见咸阳桥。"
这是杜甫笔下《兵车行》:"停车坐爱枫林晚,霜叶红于二月花。"
这是杜牧的兴致;"向晚意不适,驱车登古原。夕阳无限好,
只是近黄昏。"这是李商隐的感慨;"一车炭,千余斤,宫
使驱将惜不得。"这是白居易的怜悯与无奈;"驾长车,踏
破贺兰山缺。"这是岳飞的气势与胸怀……人拉车似乎就没
有了浪漫和性情,"黄包车"基本就是苦力和艰辛的代名词,
"骆驼祥子"算是车夫的代表。两只轮子的车现在依旧行驶
在田间地头,我老家人们主要的劳动工具之一就是板车或者
叫作"架子车",在这个牲口越来越少的时代,还是有不少人
弓起背继续在拉车。

从独轮到两轮,人们大大的解放了自己的身体,获得了
自由甚至浪漫,然而再增加一个轮子后又是什么情景呢?头
小身大,着地平稳,生来似乎就是为了负重的,三轮车的地
位向来就很卑微,现在基本上是小商贩谋生的工具——收破

烂、运垃圾兼作小买卖。三轮车最风光的代表也许就是三轮摩托了，最初对这种车的认识来自连环画，记得小学三年级被评为三好学生，发的奖品是一本《夜幕下的哈尔滨》的连环画，封面就是王一民骑着三轮摩托的彩色插图，还记得那时有一系列大檐帽警察骑着三轮摩托办案的连环画，一般老百姓看到民警的三轮摩托出动时就意味着有人犯事了。

大学是在武汉读的，第一次到汉正街看到不少三轮摩托，却都是用来拉货的，曾经的威严一落千丈。后来武汉兴起了叫作"麻木"的电动三轮车，据说是因为坐车的人下来身体基本被震得麻木了，所以有此名。可是坐的人还是很多——方便便宜！武汉有个资深影人在我大四时发起了"观影"活动——每周日在影视厅免费放映两部文艺片。初夏的清晨，阳光明媚清冽，两三室友约了女生，招来三摩四五辆，浩浩荡荡的赶往洪山商场下面的影视厅。有那么几次竟然就我和美女兼才女的"开心果"一车前往，现在想来这本身就是一

三轮摩托车

"麻木"电动三轮车

《搭错车》 《恋恋三季》

部电影。在大五离校前武汉政府因为影响市容和交通安全下令强行取消"麻木"，结果在市政府前广场静坐的人竟然有两万之多，据说当时武汉有"麻木"十余万辆，驾驶"麻木"的基本都是"砸三铁"退下来的下岗工人，最后政府做了退让——改为逐步取消。现在离校已十年，不知道学校门口还有"麻木"吗？

三轮车自身沉重的形象就像一声叹息，在影视作品中似乎都有底层和苦难命运相连。也许不少人没有看过电影《搭错车》，但是那曲《酒干倘卖无》许多人应该不会陌生，那是一曲人间真情的歌声，相对来说，前几年巩俐骑着三轮车主演的《漂亮妈妈》就显得很做作。很小的时候看过一部名为《天涯同命鸟》的新加坡电视剧，至今还记得里面主人公骑车谋生的画面。越南导演陈英雄的《三轮车夫》和《恋恋三季》中对三轮车及车夫却进行了细致的刻画，草根的尊严和理想得到了关怀，尽管他们的生活是艰辛砥砺的。前几年泰国影片《拳霸》中导演终于让观众见识了三轮车的力量，男主角用机动三轮车飙车的画面想必看过这部影片的观众都会留下深刻印象，和好莱坞大片的飙车镜头有得一比。

车的轮子增加到四个，既带来了速度也带来了稳定。我们现在一提到车基本就是在专指小汽车，它曾使得人们的生活半径扩大行动自如，带来了马车遥不可及的体验，然而当下正是它让大城市的人几乎寸步难行，因为车多路少和僧多粥少一样糟糕。四个轮子的车于我可谓既熟悉又陌生，熟悉是因为自己是看着它长大的，现在生活也基本离不开它，陌生的原因是至今还没有学车，在这个城市生活八年多了，上下班一直是在安步当车。

对四轮车最早的记忆来自老版人民币上那个英姿飒爽的女拖拉机驾驶员，那时我应该三四岁，生活在北方小县城，一日和小伙伴在干涸的池塘玩耍意外地捡到一张粉红色的"女拖拉机驾驶员"，我知道这是钱，但这是多少钱又能干什么却没有任何概念。现在还清晰记得自己带着几个小伙伴到街头去买炒花生吃，卖花生的老爷爷神情很惊讶问我要买多少，我说就买这么多。后来的结果是我们几个人的小口袋都装满了花生，老爷爷还要找给我好几张别的钱，我当时吓坏了，怎么也不敢拿。这事已经过去整三十年了，好长时间我对钱的认识就是"女拖拉机驾驶员"，觉得她真了不起，后来才知道当时不少人的志愿就是当一名拖拉机驾驶员。等到我正式读书时，田地里牛马少了，它们渐渐地被"小四轮拖拉机"

老版一元人民币

取代，只是这小四轮远没有"女拖拉机驾驶员"威风，再后来夏收时来了四个轮子的庞然大物——联合收割机，它避免了我的皮肤不再被盛夏麦芒划出一道道红印，只是夏天的滋味也一下子失去了很多，如今我连站在地头看着收割机收获的机会都没有了，生活的滋味就更是寡淡。

小时候还常见的另一类四轮车就是大卡车，先是"解放"，再是"东风"，拉煤运粮，小镇上最先富起来的人基本是靠它们的。记得小学四五年级，班上有个女同学的爸爸经营着两辆"东风"，她穿的衣服大家觉得很"骚情"，不少捣蛋的男同学欺负她时会常常冒出一句"看把你爸的'中梁'闪了"！这时她的脸一下子羞得通红，好像犯了大错，随即把脸埋在臂弯不再搭理别人。好长时间后我才明白，原来她爸爸运粮的麻袋上都印着两个大大的字——中梁，镇上的大人常常用这句话来调侃她爸爸，这"梁"有双关含义，在当时的语境是一句很下流的话。其实当时的我们远不懂这话是什么意思，吵架只要能让对方低头无语，祖宗八代常常也会被拉出来叫阵。

前两年春节回老家，路面坑洼难行，一些邻居门前屋后停放着"前四后八"的重型卡车，原来路面都是被这些重型卡车压坏的，这些卡车专做给火电站送煤生意，而且无一例外地都会严重超载。表哥在农闲也运煤赚钱，只是他投资有限，买的卡车还是四个轮子的，问他收入时却连连摇头——因为车的吨位小，超载有限，几乎赚不到什么钱。去年他终于经营不下去把车赔本盘掉了。在新闻中时常能看到交警在拦截超载的大货车，其实货车超载一直就是潜规则，仅有的利润基本来自超载，如同我们虽然是八小时工作制，但是维持我们生活的基本却要靠八小时之外的加班，我们的车和人不知什么时候开始都在"超载"了。

对于小汽车我一直没有什么兴趣，起初可能是因为"酸葡萄"心里在作怪，现在应该早已过了这样的阶段，却依然没有兴致。同事小张前两年骑车上班每次需要二十分钟左右，年底奖金到手后他马上买了辆小车，兴奋溢于言表，只是他现在开车到公司基本要四十分钟，而且因为停车位越来越紧张，他需要到的更早来抢车位。和他聊及此事，他一脸无奈——我总不能再去骑车上班吧？四季在轮回，可我们的生活尤其是城市的生活竟然是如此的单向性，只是我们真的在驶向幸福的目的地吗？我一直不解的是婚姻和爱情本是很私人很私密的事情，现在却时常从新闻上看到某人嫁女出动"悍马"

多少辆，也时常在街上可见名贵婚车列队而过，也许婚姻的内容基本就剩下了这些形式。还有让我不解的是卖车为什么非要美女车模，年年的车展满足了多少人的"意淫"——香车美人，夫复何求？欲望就这样被勾起来了，消费就是创造，消费就是一切，山西煤老板在车展将人车一起买走更是彻底的消费举动。"宁愿坐在宝马车里哭，也不愿坐在自行车上笑"，哭并快乐着已成了我们这个时代的价值取向。汽车是舶来的东西，最初的工具性已经慢慢被表征性取代，在道路瘫痪的今天汽车如蜗牛一般爬行，但是我们意念中对车的品牌与速度的追求却无与伦比，因为在这个时代我们的身份象征似乎只剩下了房子和车子，还有的话就是委身于房车的女人。

当今城市的生活绝对离不开公共汽车，可是上下班高峰期公共汽车的拥挤让人望而不敢却步，公交车的空间就像那什么沟，挤挤总是有的。现在不少城市为退休的老人减免了公共汽车票，在上班的公共汽车上切身地感受到了社会老龄化的严重，只是这些老人面色红润，健身归来还不忘在超市买好打折的鸡蛋，再看看那些似乎还没有睡醒赶着去上班的年轻人，更让人觉得我们的社会不光"老龄化"了，而且还有"未老先衰"的迹象。

汽车是影视作品中离不开的元素，甚至成为主角。《速度与激情》系列不必说，布莱恩的新款坐骑为人津津乐道，《汽车总动员》更是一部关于汽车的童话，这些是汽车发源地衍生出的文明与文化。前些年小众影迷在口口相传一部《车

《速度与激情3》　　《汽车总动员》　　《车四十四》　　《落叶归根》

四十四》的国产先锋电影，只是看过的人并不多，该影片描述了一位44路女大巴司机在偏僻路途上的遭遇：载满乘客的大巴车在公路上遇到两名劫匪，他们抢劫票款后还在路边荒草地中将女司机强暴，其中一男青年动员乘客一起阻止无效后，一个人冲到车下要求匪徒放过女司机，可是反被刺中一刀，司机也未能幸免于难。司机被匪徒放回后继续开车，却将挺身而出的男青年赶下车。郁闷的男青年又搭上另外一辆汽车，汽车在行进中被后面开来的一辆警车超过，男青年不由得更加关心女司机的命运，事情很快有了答案，44路大巴车被女司机开进山沟里，女司机和车上乘客全部死亡⋯⋯这就是一部汽车版的"羊脂球"，只是更为黑色和冷酷，她不再给萎靡的人以机会，自己为自己伸张了"正义"。前几年赵本山主演的《落叶归根》中用大轮胎运送尸体的场景让人心酸，坐着车子出去谋生，最后被一只轮子带回，不知道这算不算"轮回"？

我生活的城市被人们誉为"天堂"，连出租车都有奔驰的，看来名不虚传。只是出租车虽好，可惜很难打到，尤其是在你最需要用车的时候，比如上下班和下雨天。政府说多投放出租车路面就会更拥堵，老百姓说打不到车就只好自己买车，最后的结果是天堂行路也难。有意思的是现在杭州的机动三轮车却有方兴未艾之势，起步价五元，以前仅存在于城郊结合部，现在市中心也时时可见，看来有所需就有所供。夏天房子装修，我常花十元钱坐这样的三轮车来回于建材市场，据说这车的行驶证只发给残疾人，可我看到驾车的更多是正常人，大家都是为了生计混口饭吃，也就不在乎是不是生活天堂。如果一定要残疾人才能驾驶时，也许活不下去的人真的会自残适应这个社会，看看街头那么多的残疾人乞丐就可想而知了。依旧是夏天，有位深圳来的女主管到公司来推荐她们的材料，约好上午十点见面，时间过了，人却未至，时有短信道歉说在等车，等到十一点多了才香汗淋漓的赶来，她见面第一句就说："你猜我是坐什么来的？"我答是坐三个轮子的来的，她惊讶得好长时间忘了合嘴。前几天还看到一则关于三轮车的新闻，据报道温州有数万辆机动三轮车，其中无证驾驶的不少，这次的新闻就是上千辆三轮车主聚众抗法，在这个和谐的社会，三个轮子已经显得不伦不类，竟然敢公开对抗四个轮子就更是不合时宜了，只是让我不解的是温州人到处在炒房，怎么还有闲时间玩三轮车？

宝马，又是宝马！宝马车在斑马线上将行人撞死的事接

《铁道游击队》

连发生了好几起，看来车主把行人真的当斑马了，他们当然是把自己当作了非洲草原上的狮子。在中国开宝马已经不是身份的象征了，几乎成了特权的象征，而且中国的宝马车还有特异功能，在这个号称"天堂"的城市，70码速度的宝马车可以将斑马线的人撞飞四五米高十几米远，这车绝对会气功。撞死人了一走了之，要打官司慢慢来，不就是钱吗？走不脱了也好办，"我爸是李刚！"——撞死你又能怎么样？！车何以堪，人何以堪？到底是谁让"宝马"这么生猛？

火车对于绝大多数中国人来说再熟悉不过，年年的春运在世界史上都堪称壮举，煎熬的不光是一票难求的游子，还有在家盼望团圆的妻儿老小。我是考上大学后去武汉第一次坐的火车，但是对火车的感情却早培养起来了，《钢铁是怎样炼成的》的连环画被翻烂了，《铁道游击队》的电视剧反复看了多遍，"西边的太阳快要落山了，微山湖上静悄悄，弹起我心爱的土琵琶，唱起那动人的歌谣……"随口可唱。真正坐上火车才觉得生活很现实，绿皮车上空气污浊，人塞得如同沙丁鱼罐头。车靠郑州，我下车透气，上车后才发现装在屁股口袋的二十元钱没了，那是我离家前一晚一个中学同学的"心意"。五年后毕业，依旧是郑州，我送班上一位女同学出站，她带的东西太多，我一直把她送到广场，等我再回来才发现站道太多，七问八找，等找到正确的站道时，载着我毕业证、就业协议的火车已隆隆远去了。六月的酷暑天，我心却凉透了，找到乘务员寻求帮助。描述了行李包的特征和座位号，她一边给火车下一个停靠站打电话一边安慰我不要急，应该能找得到，她还送我上了最近路过的一趟火车，半开玩笑地说回去可要给她写表扬信啊。最后的结果是有惊无险，我在河南一个叫巩义的小站拿到了自己的行李，只是种种原因没有写成"表扬信"，现在连那位女乘务员的姓名都忘记了，这至今让我不安。如今我们的火车速度不夸张地说已经超英赶美了，先不去说什么动车高铁磁悬浮，看看近十年来火车票上的代码更替就知道了，K（快车）、T（特快）、Z（直达）、D（动车）、G（高铁）……只是火车的票价和车速一样绝尘而去。

因为大学专业缘故，关于轮子、车子和车轨的典故还是知道几则。一则是老子的那句："三十辐共一毂，当其无，有车之用。埏埴以为器，当其无，有器之用。凿户牖以为室，当其无，有室之用。故有之以为利，无之以为用。"因为这段话曾被美国建筑大师赖特引用阐述空间概念，所以在国内读过建筑学的人基本都知道这句，因为老师很自豪地说我们的祖宗对空间的理解很超前，就是令国际建筑大师也为之折服。再后来就是中国建筑史课上要求背诵的《周礼·考工记·匠人营国》开头那几句："匠人营国，方九里，旁三门。国中九经九纬，经涂九轨，左祖右社，前朝后市，市朝一夫。"一直以为这书失传了，只剩了这几句，因为建筑师写的文章永远只引用这几句，刚才在网上搜索了一下，原来后面还有内容，看来浅尝辄止实在是贻害不浅。

关于造轮子的事，《庄子·天道》里有这样的记载：桓公读书于堂上，轮扁斲轮于堂下，释椎凿而上，问桓公曰："敢问公之所读者，何言邪？"公曰："圣人之言也。"曰："圣人在乎？"公曰："已死矣。"曰："然则君之所读者，古人之糟粕已夫！"桓公曰："寡人读书，轮人安得议乎！有说则可，无说则死！"轮扁曰："臣也以臣之事观之。斲轮，徐则甘而不固，疾则苦而不入，不徐不疾，得之于手而应于心，口不能言，有数存乎其间。臣不能以喻臣之子，臣之子亦不能受之于臣，是以行年七十而老斲轮。古之人与其不可传也死矣，然则君之所读者，古人之糟粕已夫！"轮扁这个人真的很不俗，仅从名字就可见一斑，不过当今台湾的"水扁"之名也颇为不俗。

关于造车，也有则很出名的寓言故事，题目就叫作《越人造车》，原文如下："越无车，有游者得车于晋楚之郊，辐朽而轮败，輗折而辕毁，无所可用。然以其乡之未尝有也，舟载以归，而夸诸人。观者闻其夸而信之，以为车固若是，效而为者相属。他日，晋楚之人见而笑其拙。越人以为绐己，不顾。及寇兵侵其境，越率敝车御之。车坏大败。终不知其车也。" 越人眼界有限，难免亡国，及至始皇帝一统华夏，

129

首先实行的就是"车同轨，书同文，行同伦"。车同轨实在是有利于征伐，当然也利于四面八方来的造反者，没多长时间就"秦失其鹿，天下共逐之"了。看来任何事情都是两面的，想当年阎锡山在山西铺造窄铁轨，就是为了拒绝"接轨"，接不接轨都是利益的需要。

然而将房子和轮子结合起来最早的人大概是隋朝的宇文恺了，他主持修建了隋朝的都城大兴城，也就是唐长安的前身。据《隋书》记载："又造观风行殿，上容侍卫者数百人，离合为之，下施轮轴，推移倏忽，有若神功。戎狄见之，莫不惊骇。"后来的《资治通鉴》也有此说，看来大抵不虚，这可以算作是最早的房车了，只是规模足让当今房车、悍马自愧形惭。

看过一则轶闻，讲的是关于如何设计第一辆"红旗"轿车的事情，据说当时本着发扬民族传统文化的思想，有设计者竟然把车头设计为龙头，把车灯拉长变形设计成轿杆的样子，幸亏周恩来总理阻止才没有热闹下去。可惜在今天的建筑设计中还有人苦苦为民族建筑如何现代化而不断地进行着"画龙描凤"的运动，院落、屋顶、斗拱也就罢了，一个出土的玉琮形式就不知救活了多少创意枯竭的建筑师。关于汽车轮子，自己也有则"轶事"。前年出国，除了见识了不少建筑作品外，还拍了数百张小车的轮毂，这些直径差不多而且都是圆形的轮毂却是形形色色，让人大开眼界，如同填词作诗，虽有限制，可高手依然能够"随心所欲，而不逾距"。

记得一天黄昏我独自在拉斯维加斯的一个大型停车场拍摄轮毂，引起了旁边巡警的注意，他过来盘问我在干什么，本来英语就很蹩脚，见到美国大檐帽就更语无伦次，我拿出自己的名片上印的英文身份，指着一边的建筑给他比画。他要求看我的相机，等他看到一张张圆圆的车轮时，不光眼睛瞪大了，连嘴巴都张圆了，因为我实在蹦不出几个单词，最后他不耐烦的放我走了，我庆幸他没有把我当作间谍带走，也庆幸他没有要求删除那数百张"车轮"。

鲁迅曾说："不满是向上的车轮。"对此我一直困惑，车轮怎么会向上呢？向前或者向钱还差不多，难道他老人家说的是飞机的轮子？车子的方向不在于车轮，而在于车轨，更在于驾驶员，所以无论是车还是人出轨的后果都是很可怕的，可是我们却对"接轨"充满了信心与希望，汽车要喝油，于是汽油柴油就首当其冲的与国际"接轨"了。车轮滚滚，人海茫茫，时代的列车势不可挡，速度压倒一切，我们要去哪里似乎已经不再重要，重要的是我们赶上了末班车，如同登上了《2012》中那艘"诺亚方舟"，尽管这是亡命之旅。

满庭芳

暮春时节收到一条短信："本书店将于四月底歇业，店内书籍六折优惠，欢迎各位书友惠顾。"落款是"满庭芳"。

四月初，运河边的柳条已经颇见丰腴，樱花飘零如雪。我骑车穿过中北桥，沿中山路南行，法国梧桐的叶子刚刚探出毛茸茸的小脑袋，在阳光下活泼泼的，如同偎依在一起刚出壳的小鸭子，春光是如此的明媚，似乎连树木的影子都不曾留下。远远地看到了悬挑在门外一个斗大的繁体"书"字，这便是"满庭芳"了。已忘记上次是什么时候来的，也许是一年多前了吧。

刚到杭州不久，参与了一个住宅小区的设计，基地距离南宋皇城遗址不远，随着施工开始，常常坐38路公交车经中山路往来于公司和工地，"满庭芳"就是这样透过车窗不经意进入眼帘的，牌匾上"满庭芳"三个字遒劲饱满，落款是潘云鹤（后来才知道他是浙大校长，再后来又当了中国工程院副院长）。那时刚参加工作不久，加上居无定所，书店倒是经常去的，买书还算克制。"满庭芳"不大，约莫七八十平方米，靠墙满布书架，中间条桌上也摆满了最近新书，书店后部还有一个狭小低矮的夹层。书架颜色漆的古色古香，摆书籍的条桌上铺着碎白花的蓝布，桌边摆有几只藤编的圆凳，背景音乐淡淡的，似有缕缕香味缭绕其间。来过第一次后，再去工地回来路上只要时间允许都会到这里或站或坐待一会，随意翻翻书，偶尔也会买一两本自己喜欢的。自己也未能免俗，办了个会员卡，好处是买书时报个名就可享受八五折待遇。

两年后工程结束，"满庭芳"却还是经常去的。其时女友（如今已是妻子，且为人母）毕业来杭，不加班的周末就一起经常溜达到中山路去，那里除了书店还有不少卖衣帽鞋子的别致小店，我去这些店都很毛躁，很快买好所需的东西就没了兴趣，常常就先奔"满庭芳"去了。看书看累了一抬头发现女友不知什么时候已悄然坐在边上翻书了。不觉天色向晚，就去边上的"张生记"吃云南过桥米线，一大碗红油米线下肚，额头的汗如雨下，真是痛快。饭后也不坐车，就漫步穿过运河上的中北桥，但见水波盈盈，月朗星稀，柳随风摆，住处依然在望了。

记得有次选了两本书，付钱时我有会员卡，店主看了我一眼说："你是王大鹏吧。"我很惊讶地点了点头，身在异乡名字就是个落寞的符号，竟然还有人记得住我的名字！我这才仔细打量了一下她：约莫三十岁，中等个，偏瘦，不算漂亮，五官显得小而精致，眼睛却很大。似乎不久她的肚子渐大，后来由别人照看了书店一段时间，现在算来她的小孩该要读小学了。

那年从大连辞职来杭州，其时云色漠漠，故友依旧，只是距离下班还有段时间，于是她就带我到公司边上的"枫林晚"书店消磨时间，知我者老友也。书店布置淡雅而古朴，背景音乐很轻柔，几个店员都是很文气的江南女子，讲着吴侬软语，但是架上的书都是干货——需要使劲啃的那种，我的杭州生活就是从"枫林晚"开始的。书店二楼还有个咖啡厅，后来在这里听过朱学勤、陈嘉映等人的讲座，听众也多牛人，发问和讨论也是入木三分，虽然只是吉光片羽，但是于我却如有醍醐灌顶之受用。

艾略特说四月是个残酷的季节，在这个季节里我和"满庭芳"作别，最后购得的一本书是巫鸿的《重屏》，书名似乎很契合这个氛围。记得五六年前好像也是在这个季节，文三路口的"枫林晚"书店歇业了，只是在郊区靠田野处开了家新店，搬迁时门口的海报写着"退守田野"四个大字，前些天路过"枫林晚"旧址，现在是家红酒专卖店。三四年前文三路上的"文史书店"歇业了，去年底杭大路上的"三联书店"也歇业了，当初的故友也早已离开杭州回了老家……希望她们能在歇息中静养精神，也希望她们能有"田野"可以退守。

保留了最后一个"满庭芳"的购书袋，袋子上竖排版印着秦少游的词："红蓼花繁，黄芦叶乱，夜深玉露初零。雾天空阔，云淡楚江清。独棹孤篷小艇，悠悠过、烟渚沙汀。金钩细，丝纶慢卷，牵动一潭星。时时横短笛，清风皓月，相与忘形。任人笑生涯，泛梗飘萍。饮罢不妨醉卧，尘劳事、有耳谁听？江风静，日高未起，枕上酒微醒。"词牌正是"满庭芳"。

花间一壶酒

李白诗《月下独酌》："花间一壶酒，独酌无相亲。举杯邀明月，对影成三人。月既不解饮，影徒随我身。暂伴月将影，行乐须及春。我歌月徘徊，我舞影零乱。醒时同交欢，醉后各分散。永结无情游，相期邈云汉。"我很喜欢的一首诗，所以用开篇那句做了自己QQ空间的名称，李零用它做了自己的文集名，可谓凡夫与英雄所见恰同。

昨日出门前读完了李零的《花间一壶酒》，书买来久了，开始读此书是在上周去云南的机场。读的很快意，读完了感觉有点酒后上头的晕乎，他的酒绝对不是啤酒，而是烧酒或者绍兴花雕。一醉方休的酒徒醒来酒于他还剩下什么？至多是依稀的场景和一些不合时宜的醉语，甚至如梦一样缥缈不留踪迹。下次酒徒又会一如既往呼酒买醉，周而复始。这让实在人看来简直就是浪费——何苦着跟自己过不去？糟蹋粮食，糟蹋身体，糟蹋精神，甚至糟蹋后代（据说陶渊明的儿子都很痴呆，医院专家考证出是典型的酒精痴呆儿）……

常常有朋友问我读书有什么目的和好处，或者"羡慕"我能读书，再就是让我推荐几本认为有价值的书。每当这时我就有点痴呆，读书于我有什么目的和好处？我常常以"吸毒"为比喻——读书在我眼里和吸毒没有什么两样，只是一般说来社会大多数时候和大多数人认可这个方式罢了，不认可的时候如"焚书坑儒"和"破四旧"的时代读书可能还不如吸毒安全。物以类聚，人以群分，这我很认同，人活着多少都是要区分的。酒有酒鬼，烟有烟鬼，毒有瘾君子，书呢？当然是书呆子！

读了李零的《花间一壶酒》以后再打比喻读书时可以把吸毒换成喝酒会更实际些，毕竟有吸毒经验感受的人太少——何况连我自己都是在想象吸毒的感觉。还有就是我对"几本好书"的怀疑，如果果真存在那么几本好书可以一劳永逸的话这世界就简单多了，就像对酒鬼来说你问他什么酒最好一样，也许他有自己的标准，但是你再问他能不能就喝几瓶好酒从此罢休？我估计他一定会以为问他的人已经醉了，在说胡话。

这也许就是读此书给我的最大收获，值吗？不值的话再想想。对了他还写到妓女尤其是高级妓女那是精英的男人集体智慧的产物，烟花扬州秦淮河畔，佳人二八，吹拉弹唱倒也罢了，诗词曲赋无所不能，更厉害的仁义方面亦是巾帼不让须眉，李师师之于宋江，杜十娘之于李甲，陈圆圆之于吴三桂，小凤仙之于蔡锷……男人最好知己是谁？不是同类，而是红颜知己！这样的理想女人不但存在，而且在历史（文学）长河中屡现身影。学建筑的我不妨引申一下，传统中国园林在建筑中是不是就如同女人中的艺妓一样成全了我们建筑精粹？园林中的"瘦、透、漏、皱"的石头应该是这"艺妓"中的极品了。

李零的《说中国的厕所和厕所用纸》一文也十分有趣。他儿子小时候上课，老师讲到纸是四大发明之一，调皮的孩子问老师在没有发明纸以前人们上厕所用什么擦屁股，结果老师大怒，把这个"捣蛋"的学生赶出了教室，儿子回家问他，他也答不出所以然。当然现在他已经做了全面考证，所以有了此文。

我对擦屁股材料简单归纳一下应该是——就地取材，与时俱进。最早应该是树叶（桩）、土坷垃，再就是厕简（和《史记》的竹简历史有得一比）。据他在考古中发现甘肃马圈湾出土的简牍有些是和粪便样的东西混在一起，据推测应该是那时的人是用废弃的简牍做厕简擦屁股的，就和我们今天用废弃文件擦屁股一样。

记得我刚工作偶然在报纸上看到一篇文章是写上厕所的事情——最好不要在厕所读报更不要用报纸擦屁股，报纸含铅比重很大，这样长时间下去会导致铅中毒。当时很为自己庆幸，因为我没有在厕所阅读的习惯甚至连读报的习惯都没有，但是我还是吓出了一身冷汗——小时候生活在县城，买的猪肉都是用报纸包的！考证到最后的厕所和厕所用纸大家应该都再熟悉不过了，乡下人有句顺口溜也许更反映出厕所用纸的"与时俱进"性。"我们用土坷垃时，城里人用报纸；我们用报纸时，城里人用卫生纸；我们用卫生纸时，城里人用它擦嘴了！"在这篇文章的附录中提到八国联军在北京建公厕的事情，这也是中国公共厕所的滥觞。当时八国中德国火气比较大，对在城市中随地大小便者抬手就是一枪，罚款服役那算是轻的，这是不是值得我们不少城市卫生管理者借鉴？也许应该不用了，新闻这些天在说"山鹿"奶粉有免去小便的功能，接下去研究开发个什么"黑熊"火腿的，大便也都可以免了，如此一来随地大小便就能得到根治。

这样断章取义对品评这壶酒有点不公，他还是比较正经的写了不少大题材的，第二章节"生怕榆客谈塞事"基本都在谈国家与战争，其中看到《中国历史上的恐怖主义》备感亲切，自己去年写过一篇《刺客·杀手·绿》的文章，也是从历史上的恐怖主义开始写起的。"刺客"似乎是中国的产物，秉笔如太史公者尚且给刺客开有专栏，可见刺客历史地位之重要。

认识"杀手"是从几部国外影片开始的，尤其是那部众人皆知的《这个杀手不太冷》中的杀手让人折服。冷漠中的人性的确见证了杀手的温情，让·雷诺也因此成了男人的代名词。国外影片中的杀手基本都是自由职业者，却不隶属于任何一个"君子"。杀手完成的是一笔交易，更多的时候不问动机与目的，也不节外生枝。看过《这个杀手不太冷》的人都知道"节外生枝"是要付出额外代价的，甚至是以生命为代价。"不太冷"的杀手一大特点就是行走都会带一盆绿色植物，这绿色起初可能只是他的道具，和杀人的枪没有什么区别，可当晨光透过窗帘缝射在绿叶上发出那生命的本色时，杀手目睹多了是不是才因此变得不太冷？总之电影是这样拍的，我也是这样看的。

无独有偶，儿时看的小人书中有本叫"某某别动队"（书名忘了，是反映国外革命的），其中有个别动队员总是在行动中会带着一盆含羞草，后来他牺牲时让战友把盆中草移栽到大地中。难怪鲁迅先生会写道："血沃中原肥劲草，寒凝大地发春华。"

刺客渐行渐远，杀手离我们也是遥不可及。我辈普通人蜗居一隅对"绿"却是怜之爱之，颇有渴求。自己住处桌上置一瓶，中插富贵竹几枝，侧目即绿，很是可人。公司门厅整日盆花成行，后来窗台上也摆上了我叫不上名字的花草。这些花草每天都有物业管理人员护理，并且时常更换，突然一天我才知道这些花草都是"租"来的，小盆每日 0.3 元，大盆每日 0.5 元，生死则由物业公司负责。为了不让大家久看生厌，则每隔些时日可以在不同楼层之间互换。当时我惊得目瞪口呆，随即便明白绿色于我们也渐行渐远了。

酒还是那壶酒，有人借酒消愁，有人一醉方休，还有人不喝自醉。无论是下酒还是醒酒，酸菜都是好东西——翠花，上酸菜！

象山记

—— 不是结束的结束

象山出名了，因为中国美术学院在这里设立了校区，王澍出名了，因为他设计了象山校区。其实他们之前就出名或者有名了，只是相对不知道的人来说不知名罢了。王澍还没有设计象山校区时坊间就流传着他硕士论文答辩的掌故——答辩时他说中国只有一个半人懂建筑，一个是他，另半个是他的导师。牛人啊！可算给学生伢出了口气，一大堆人里面竟才有半个懂的，这怎么能教导出一个真正懂的人来？！难道是三个臭皮匠胜过一个诸葛亮或者王澍无师自通了？曾经我认为这是真的，因为在中国向来都有野史才是信史的传统，不过"大丈夫生当如此"和"彼亦可以取代也"应该算是例外，这话可是记载于《史记》中的。

一访象山

2003 年国庆，我从大连来到有"天堂"美誉的城市，一来就很幸运的随王总去了象山。说来惭愧，现在回想起来印象最深的是层层叠叠的瓦片，其时已近年关，学校放假，人特别少，许多教室都锁门进不去。

象山不大，苍灰色；天空低沉，铅灰色；屋檐层层，黛灰色。大片的白墙和黄色木板就显得格外亮丽。因王总关系我们见到了王澍，一下子建筑就有了背景音，大家争相提问和讨论。还记得王澍讲了他为什么要用沥青来铺露台和走道，他说目前国内的公共环境卫生一般都很差，而在沥青路面上即使卫生差大家都习惯了，所以他就选用了这个材料，这样就不显脏，只是表面的那层沥青因走人就没有浇，算是对常见沥青路面的改进。应该来说当时我对这个做法还是很触动的，否则为什么直到现在我还会记得这沥青？最后又是集体合影留念又是递名片，我也未能免俗，至今令我汗颜的是递上名片后还说了句"我是 L 老师的学生"，他"哦"了一声，又多看了我一眼。

二访象山

新入职的同事小李有个中学同学在学油画系专业，因为高考复读，所以还没有毕业。在去象山路上小李讲他的同学很执着，人特别的好，是那种你见了就认为是好人的人，只是家在河南农村，经济条件不好，现在小李还常常接济他。

我们先到了一处农民房，里面像个仓库，很厚的积灰，画板画布颜料堆在角落，还有散放的箱子、自行车，悬挂的衣服袜子，床上东西似乎更丰富，也不好意思多看，还有人躺在被窝里。通过打听，我们知道了小李同学的住处。小李借了辆自行车驮着我上路了，泥巴路高低起伏弯弯曲曲，我的屁股颠得没感觉了，车子几次差点冲进了水田，奇怪的是地里长了不少很结实的包心菜。

穿田进村，左拐右转终于到了，我抓紧时间揉屁股，拥挤的农家小院摆着用大脸盆栽种的花草。小李同学租的房子在二楼，外走道上放了个蜂窝煤炉子，上面架了个漆黑变形的小铝锅。"你又要下面吃啊？！停机了怎么不联系我？你可以用固定电话联系我啊！"小李说话的方式很像家长，他同学憨厚地笑了笑，也没有解释。小李给我们做了介绍，大家沿床坐了下来。他俩抽着烟，我不抽烟就看着架上作品，调色盘还没有干，画的颜色厚重而浓郁，变形的人体似浮在水中又似飘在云里，我问他这是蒙克还是方力钧的风格？他笑了笑准备说点什么，小李说："什么啊，这是他的毕业设计，是一组关于梦的作品。""你的桌子不错啊！"我发现他的桌子是一截很粗的树桩，直径快一米了。这回他终于说话了："这个是向村民买的，有人准备开餐馆剁肉用的，没开成就卖了，才35元！"小李突然急切地问："你的工作现在有没有意向啊？再有两个多月就该离校了，你真的要去北京漂吗？还是留在杭州吧，这里好歹也有熟人呀！"他同学抽着烟摇了摇头，楼下的炒菜味道很浓的飘了上来。"走，走！咱们先去吃饭吧，自行车还是借你同学的。"他同学说来回太远了就在村子里对付吧。"对付？大家聚一次也不容易，再说你也需要加点营养啊，老吃白水面条怎么行？我来的时候给你同学也说好了，中午大家一起去吃饭。"

大家汇合后去了个农家菜馆，酒桌上又谈起了毕业和工作。我问他们工作找的怎么样。其中一个说："还能怎么样？一班

二十几个人，才一两个找到了工作，其中一个女同学去应聘，别人老总说太可惜了，这么漂亮怎么学了油画，学个文秘什么的多好！"另一个说："别人要我们干什么呢，建筑设计吧有你们，环境设计有环艺的，广告有广告设计的，平面也有平面设计的，现在还有动漫设计专业，我们要混到能在画廊卖画那早都饿死了！""那你们怎么办？"我问。"一部分人回了老家，教书或者做点能做的事情，还有不少人去北京漂着等机会。"他们似乎见怪不怪，一顿饭就在这样的气氛中吃完了。

饭后小李又拉着他同学要去象山校区走走，吃饭的地方离大门入口特别的远，近处有个小门，却锁上了。"我们翻墙过去。"他同学这句话让我有点刮目相看。我们说还是走大门吧，这样影响不好。他说："你们看着这个女生，她会给你们示范一下的。"只见一个漂亮女生提了几个购物袋走到围墙下，先把东西放在围墙上，接着手脚并用就爬上了墙，我们虽然吃了饭还是看得流口水，美女可是穿着不算长的裙子啊！看到这我们翻墙的欲望大涨，于是三个男人步女子后越墙而入。翻进去我才知道为什么美女也敢翻墙——王澍老师设计的围墙是用清水砖镂空砌的，简直就是梯子，何况围墙也就两米高的样子。

在学校里我问小李的同学觉得这里建筑怎么样，尤其是刚来的第一印象。他说现在待久了也就没有什么特别感觉，刚搬过来什么都新鲜，能租农民的房子住比什么都让人高兴，也就没有太用心留意校舍。我多少有些失望，可是失望什么呢，也说不清。我们静静地看，静静地离开，教室外面的绿化竟然是小萝卜，叶青皮红，很水灵的样子。他同学说晚上偶尔有人拔几个带到教室，洗洗，味道还不错。

三访象山

2007 年 9 月的一个周末，当时还不是老婆的女友抱怨我周末只会加班或者去书店，我听出话外之音，赶紧说今天去郊区秋游吧，她很开心地换了衣服鞋子。我们去了象山美院，其实她又上当了——网上关于象山美院二期的施工过程贴图不少，讨论也不少，一直想去看看却没有时间和机会。

走完了象山校区一期，此行的主角才正式亮相登场。"哇，好特别啊！你快看那走道，挂在白墙外面，还全都是斜的。我要上去走走！"她说着已经冲了进去，我却拿着相机在找角度，其实网上各个角度都有，总感觉太片段。"快上来看啊！"她人已经在墙上的斜坡道上挥着手，我也闯了进去。

室内空间还是让我大吃一惊，走道基本都是斜的，可谓地无三尺平，要命的是斜坡走道加台阶，高低交错左右分叉，坡道诱惑着人在一栋栋教学楼里游荡，大小横竖不一的窗洞把阳光甩到坡道映在墙上，又把坡道上行人的眼光拉到了外面，外面有远山和近水，还有树木和对面的房子。没有想到在这不算大的校区里游荡了近两个小时才走出来，还好里面在施工没开始使用，什么地方都可以进去看看。

她玩够了，一个劲说腿疼脚软，开始还摆 pose 让我拍照，后来就坐着不动了。我借机对她长篇大论："这里的建筑是在破中求立，可谓不破不立。打个比方，就如同你们设计的服装，曾经有很长的时期把广大妇女同胞都包裹的很严实，尽管包装材料都珠光宝气的，时间久了就成了古典形式，可是大家审美疲劳了又加上女权觉醒，开始就对服装解构了。先是简化珠光宝气的装饰，接着减短服装长度，在就是由外向里打开，材料变轻变薄变透，最后取掉尽可能的多余物，这叫身体解放，不着一丝，尽得风流。哎哟——"

"你解释的也太有才了吧，好像女人就是摆设，用来给男人看的？"她不动声色地拧了一下我那疲惫的大腿。

"那可不是，你看看现在女同胞虽然穿戴少了，可家里堆的谁比谁少啊。还有只要是个牌子还不成千上万的价钱！房子越建越多，价格却是越来越高，现在是唯女子与房子难养也。扯远了，还是接着说眼前这建筑吧，你还有兴趣听下去吗？"

"你接着忽悠吧。"

"什么忽悠？严肃点，说话的形式可以自由散漫，内容可

145

是严肃正经的。"

"好吧，那就请正经一点，再油嘴滑舌当心我……"

"手下留情，言归正传。我们传统建筑中根本就没有西方那套透视和比例，或者有也根本就不在乎，只在乎什么人住多大多高和什么颜色的房子。至于园林那更是诗书画的物质外化，因为我国造园的人基本都是文人，而且其中失意文人不少，于是寄情山水就成了首选之道。可是他们对真正自然的东西并不像我们现在理解的那么感兴趣，或者说自然要打上人文的烙印才会引起他们的兴趣。五岳壮美不假，可是何独只推这五山？因为我们的祖先很早就开始封禅祭祀，最隆重的封禅祭祀活动都是安排在大山之上，秦始皇封泰山是大家都熟悉的，这样就山因人更高，人因山扬名。杭州的西湖就是最好的例子，国内比这水和山漂亮的地方不是没有，可天下却没有如此多著名文人和人文来打磨浸润过一方山水，有了这打磨和浸润想不出名都难。造园的人当然没有实力也不敢篡越到真正的大山去封禅，何况许多人连一起去跪拜的资格都没有，所以造园第一步先是砌墙围院，接下来才理水堆山叠石，最后才在合适的位置点上建筑，古人对建筑的要求也没有我们今天这么大的欲望，他们所持的思想无论是儒、道、佛在生活上基本都主张清心、朴素，最好超然于物外，何况他们也犯不着包二奶金屋藏娇什么的，三妻四妾不成还有青楼……哎哟——手下留情。"

"手下留情？就你这张嘴，不，应该是嘴脸还需要留情？"

"这不是在说古人吗，何必拿我来出气。古人造园林很讲究叠石，最好的是湖石，为什么说湖石好呢？因为它符合古人对石头‘瘦、透、漏、皱’的要求，可自然界哪有这样的石头呢，即使有也没有那么多啊。怎么办呢，那就用人工来打磨了，可园林又特别讲究‘虽为人造，宛如天开’。湖石是有眼光的爷爷辈把石头挑出来根据纹理劈凿之后再放到太湖里，任由那湖水轻柔的浸润打磨上一两代人，等到孙子辈才打捞上来，再根据环境布置挑选配置造型。你说这样的石头还能叫作自然吗？不过的确是美啊，绝对是鬼斧神工之作，想想缠裹的小脚也就和这湖石差不多吧，可见我们古人不光对自然有自己的审美标准，对人体也有自己的标准，不过这意境应该叫‘虽为天造，宛如人开’才对……你不听算了，我说得嗓子都冒烟了。”

“谁说不听了啊，喝口水再说吧，听你忽悠还是蛮有意思的，就是要求别人严肃，可你哪有点严肃样子啊？”

“好，这次认真点讲。文人讲究的是意境，他们用最惯用诗书画来表达意境，如果仅仅剩下单纯的技法，就毫无意境可言。山水画离开诗与书就少了那么一点禅机，千万可别小瞧这一点，许多人至死也没有悟到这一点，所以不少人永远是看山是山或者看山不是山，最后还要争论笔墨是否等于零。意境很重要，因为它影响到后面的园林营造，也影响到今天我们看到的这个学校。”

“没那么夸张吧？意境和眼前这房子有什么关系呢？”

“我们现在待在什么地方？”

“你讲糊涂了吧？答不上来不要勉强啊。”

"我才没有糊涂，这里是中国美术学院！这里最强的专业就是书法国画之类的，国画的特点你也知道，如果能把学校建的像山水画那样该是何等意境？在这样的环境中读书作画又是何其妙也！这里的房子布局貌似松散随意，可是围合的院子却各不相同，院子大小和朝向的景观都有讲究，整体连绵不断，你感觉是不是和一般的学校很不一样？"

"嗯，这个我举双手赞同，去年陪你去看什么浙大紫金港校区，除了面积大一览无余之外，和这里比起来趣味点确实少了很多。"

"还有你要注意这里墙面用了很多旧砖旧瓦，瓦本来是用在屋面的，现在却贴在墙上，砖却铺在了屋面上。你最感兴趣的墙上那大小不一形状各异的洞虽然是虚的，可由于开的背景位置和大小匹配合适，看起来就像石头，这也是一破一立。还有那半空死胡同式的走廊，人常常在一条路走不通碰壁之后才会真正地去看脚下的路，你对熟视无睹的路还会意识到它的存在……你觉得我解释的怎么样？"

"不怎么样！我都要饿死了，谁还有兴趣景仰你的滔滔口水？"

"啊！该走了，月亮都出来了！你再回眸看看这里像不像山水画？"

"不像！只有山！这么一大坨东西挤在一起，天黑了像山似的。国画里房子才多大啊？你不是说国画里是把房子种在树林里吗？还有你说的什么太湖石才多大，打磨一下就要几代人，这个地方房子这么大，设计和建造才用了多长时间？这里怎么看都像是把树种在房子里！我饿死了……今天上了大当，跑了半天路，净看你口水四溅了！"

"走！吃大餐去！"我拉起她直奔最近的餐馆，我知道在一个女生没有正式成为老婆之前就是一个很危险的人物。

四访象山

2008年4月10日，公司的建筑专业可谓倾巢而出，直奔象山，仍由大姐一般的王总带队，只是我们一行可谓物是人非，上次一起来的十几个人大部分离开了公司，小李也去了上海。午饭后先自由参观象山校区，然后在14号楼听讲座并参加"树石论坛"活动。象山二期建筑已经正式使用，尽管树木枝叶稀疏，水池里的水却丰盈了一些。因为校庆，学校有展览，有一件作品印象深刻。室内陈设着一只白色巨碗，给姚明当洗澡盆都足够了，碗太高在下面也没看出所以然，上到夹层的展厅往下才看清楚——满满的一碗黄土，碗中间却是空的，有一圈石棉瓦的棚户房！这碗土对农民来说是生命，对棚户区住户来说是根据地，对开发商来说是黄金，对政府官员来说是财政收入与政绩。可是把土盛在了碗里，谁有这么大的胃口来吃？面对艺术不必太较真太严肃，也许作者会解释说，这仅仅是一碗土而已。

转到了14号楼，认识的一个朋友和我打招呼，并给我介绍："这是王欣，我的师兄。"他们正在谈论说王澍老师对这水边河埠头砌法不满意，这么一说我才发现这里浅浅的水边果然有粗黄色石头砌的河埠头，石块很大很拙，缝隙却对的太平太直。让我纳闷和郁闷的是，如果不是听到他们在说这个东西，自己根本就没有发现它的存在。也许是我在北方长大，这东西根本唤不起我什么回忆。其实我很怕自己对眼皮底下的东西视而不见，也更怕对事物熟视无睹，可是总有不少事物是难以入眼的。

讲座正式开始。王欣老师先放了若干张他尚在襁褓中女儿的照片，抱歉地说他目前建成的作品只有这一个，并说他喜欢国画中层云的遮掩法，因为遮掩景物的层云方式和形状不同，所见的景物就不同，如同她女儿的变化就因为这遮掩她的襁褓方式和形状不同就变得千姿百态，后面他重点讲了"苏州补丁记"和"隔岸师簧"两个作品。董豫赣老师自嘲"拾人牙慧"地讲了"盲点"——人的眼睛中因为有盲点的存在才能看见东西，可是也因为盲点存在人就永远看不见另一些东西。这让我想起偶然看到的一个成语——目不交睫，这个成语的意思是睫毛虽然长在眼睛上面，可是人却看不到自己的睫毛。只是今天不少美女却嫌自己睫毛不够长，在外面又粘上了长长的假睫毛，只是我没有问过她们从里面能不能看到假睫毛，会不会看不清外面的事物？

"地主"耀眼登场，王澍老师与前五年相比，肚轮大了。他讲了传统与本土的概念，以及我们如何在当下来应对做建筑，后来是重点讲了象山校区二期营建。他展示了三个阶段的概念性草图，并说控制这么大的项目真的很难，在取舍和决定的十多天他压力极大，甚至失眠。王老师讲座结束时调侃着说学校的物业公司对他太好了，不愿意在建筑前面栽树，说是栽了树就挡住了建筑立面。他说他真的盼着树木早早长起来，再过个两三年就比现在要好很多。经他这样一说我突然更佩服王老师了，一是他还没有忘记树木，二是他的建筑还没有动工他就准备好了"嫁衣"，——动辄搜集数十万片的老砖旧瓦，试想象山校区如果没有这层老砖旧瓦的"外衣"会是什么样子？如果找别的材料来替换用什么最合适？

第二届"树石论坛"活动正式开始，主持人说大家可以借题发挥，只要言之有物就行。张雷老师不幸坐在第一个位置只能率先发言，他语出惊人——环顾了四周问大家又像问自己：说什么好呢？那就说好吧，他概括说了几句好听的话，因有事就匆匆离场。轮到董老师了，他说有的事情真不好说，一个东西的好坏就像自己的儿子一样，自己喜欢不能也要求别人喜欢啊（下面掌声雷动）！还有个叫"伍敬"的可怜老师，他谦虚的小声说自己也没有做过什么，不知道说什么好，似乎被这大场面吓住了。柳亦春老师的点评我在《时代建筑》上看过，当时觉得他看问题很公允很客观，只是今天发言语调很温和。据说几个建筑师去看象山二期，多少都有异议，结果当着王老师的面大家就什么也不说了，同行的徐甜甜说这帮男人真虚伪，只是不知道她有没有对王老师谈她的看法。最后是汤桦老师点评，印象很深的是他告诫在座的未来建筑师：你们可不要学你们王院长，这样的话在外面混只有自己受罪，那怎么办呢？最好能一次有机会把书读完，博士毕业花几年时间多去几个设计公司看看，知道他们怎么运作，学点东西，如果喜欢这种方式可以自己开业干，不喜欢就回学校教书，这样人生才算完整的。以汤桦老师的告诫来看，我的人生注定难以完整了。

不是结束的结束

同事们都回去了，我的录音笔还放在讲台上……就在这时后面响起了一个声音，开始说了一句话："我是东南大学的，但不是学建筑的……"然后就无语凝咽。台上老师怕大家听不清，就想递麦克风过来，我刚转头这人已箭步冲到前台，紧握麦克风，清嗓子，调整过度激动的情绪，然后开始了，真的开始了！如果我这个伪球迷不是见识过在那晚黄健翔的磅礴排比，这次就真的给震倒了！请原谅我没有经过这位同学同意就引用了原话："你们下面在座的美院学生真的真的太幸福了，你们都应该好好感谢你们能有这样的院长，衷心感谢他为你们设计了这么好的校舍。他曾经去东南大学讲座，从我旁边经过，我激动得说不出一句话。象山最安静的时候是在假期，可你们却都离开了，你们有谁好好待下来体验过象山的安静？你们有谁体验过象山春天油菜花的灿烂？你们有谁体验过象山夏天草木萋萋繁茂？你们又有谁体验过象山秋天芦花的美丽？你们还有谁体验过象山冬天白雪的纯洁？这个地方是要用时间来体验的。你们没有人好好体验过，真正懂得体验的人只有王老师一个人！就他一个人啊！"他由哽咽到抽泣再到哭泣一气呵成！

天啊……上帝怎么会在黄昏降临，我真的连一点预感和准备都没有，这一切就在短短的几分钟完成了。我原来还想向几位老师请教一下我的困惑——在象山校区设计中与规范冲突的地方是如何处理的？还有传统建筑规模都很小，尤其是园林中更是如此（记得曾经去拙政园，里面人太多拍回的照片都是以人为背景的，完全没有园林的感觉），而现在的建筑都是规模大使用人员密集，在设计中又是如何化解功能与意境这个矛盾的？当然最想问的是如何提高"演员的自身修养"，早点摆脱死跑龙套的形象，只是我的心脏再也不能承受任何刺激。这个时候王明贤老师及时出手救场，宣布论坛到此结束，这位同学可以留下来和王老师单独再聊。王澍老师红着脸走过来，紧紧地握住了这位同学的双手……

　　这篇文章我是论坛结束当晚通宵写成，并且贴在了ABBS论坛上，马上就成了"精华帖"，引来了不少口水和调侃（突然意识到好多年没上建筑论坛了），王澍老师随后完成了一系列作品，并于2012年获得普利兹克奖。这些年我还去了几次象山，前几天从前同事小李（他儿子已经读大班）那里得知他的那位同学还住在美院边上的农民房里，平常为开发商定制些装饰画，在学校兼职带课。不好的消息是那边因为地王及G20峰会他同学租住的农民房要拆除，好消息是他的女朋友（也是他的学生）今年毕业了。也许是八年前写这篇文章耗尽了我的热情，今天就只对原文做了适当删减，是为补记。

2016.7.24

下面是 ABBS 论坛上署名为 ficciones 的跟帖, 论述十分精彩, 附录如下:

象山校区因私事已经去过几次, 一二期的全看了一遍。二期从方案开始一出来就让人有点瞠目结舌, 但也让人对建成的结果有很高的期盼。毋庸多言的是从微观上来说, 王澍给了我们很多的兴奋点, 相对于一个建筑群中, 无论是空间上的变化, 还是材料的使用, 都是空前的丰富。当然还包括那些明显不符合规范的做法, 延续了他从苏州文正学院一直以来的问题, 简而言之, 就是做作品就"不要怕犯错误"。还好, 这同样也带来了不少的超标的趣味, 对于一个参观建筑的外来人而言, 二期意外的惊喜和动摇对建筑作品已有评判标准的能量, 超过了建筑本身给使用者带来的不适。

当然, 在中观层面我们还可以继续追问, 难道这种经常冷不丁出现的、违反建筑规范的做法, 就真的不能得到更好的控制吗? 比如说那些上上下下的坡廊, 尽管穿插于室内和室外, 但事实上却和教室、办公室等常规的使用空间存在了明显的界线。游戏给足了游戏, 功能依然是功能。或者说这种"明显的错误"正是为了更加的外化一个自我的"明显的"意图? 我没有对使用者做过调查, 不能给出一个详尽的使用反馈意见, 诸多使用上的不便只能成为我个人的一种猜度。但是, 我们还是可以进行一个宏观上的推断, 如果这个建筑群并不是在中国美院象山实现, 而是在别的项目中, 或者说别的社会结构中去尝试, 还能不能得到现在相同的一个结果呢? 之前建筑圈总是在抱怨中国现实中的某种权力，影响了建筑师的专业创作，让中国的建筑师背黑锅，成为丑陋的中国建筑的替罪羊。

但是，当一个偶尔适用的权力给建筑师们一路开启绿灯，让他们可以实现自己的理想的时候，就没有人再去质疑这种新权力的出现，事实上完全秉承了之前我们一直在诅咒的那个权力的气质，对公共资源的浪费，和对公共领域，尤其是民众，真正要为这些建筑埋单，同时还有使用的民众的漠视，这个问题同样出现在那堆青浦的建筑实践中。当然这跟建筑师并没有太直接的关系。但是，难道现在大部分建筑师眼中，在一种超级权力保驾护航下，将个人欲望尽情地投射，唯有这样一条通途，才能完成一个自我的超级理想吗？

象山二期，它带给我们一些创建性的思维，也存了不少我们有待深入探讨的话题和争议，但至少，这就是它的出现给我们带来的价值，对建筑师本人和我们这些阅读建筑的人而言，一路走去还都可以有所成长；但是对另一些作品，从一开始就带来了一整套错误的语境，按北京话说，就是完全"拧巴"了，如果阅读者还只是觉得方案本身很天真很善良，那么我只能认为设计师的"伪天真和伪善良"已经让很多粉丝们变得"很傻很天真"了。对于这类作品应当和象山那种区分开来，在批评的程度上应当有些差别，忍不住多尖刻几句。这里，我并不打算纠缠于一个那么冗长和油腻的发言，一点一点地指出问题来，也就以点带面一下。因为其中很多漏洞，是平时少看一些建筑学原理，多看一些社会类报纸的明眼人都能看得到的。

设计师一上来就很谦虚地道：自己的方案谈得太多次了，都快谈恶心了。的确如此，我听一次也差不多给他弄得恶心坏了。那个补丁方案，简单地讲，就是一个把文人雅士式的小聪明和趣味放置在一个更宽泛的社会问题的大背景中的作品，似乎带有一些解决社会矛盾的切入点以及相应的理念。事实上，它"很好地"继承了北大建筑张永和式的讲故事的套路，再新加上了一些眼下时髦的社会关注，和传媒推广的命名法则。

讲故事自不必说，讲的凄惨、委婉、让人心碎而体现了建筑师的善良之心，然后马上跳过，就迅速地滑到了作品本身的创作。作品的核心创作就是一个翻叠的装置，这种装置是不是很早就在诸多的建筑系学生作品中出现过了呢？我想大家应该很是清楚。那么，核心的部分没有过多的智力贡献的话，还可说它有效地结合了城管和流动摊贩的问题？设计师多次提到了"博古架"，他的意思也就是说"一个用来逃避城管的流动摊贩的翻叠装置，同时也需要类似博古架那样的审美"？

那么，去看看大半年前《南方周末》深入报道过的摊主刺死城管人员的案子，就知道中国城管问题到底核心矛盾以及矛盾双方的具体的生存状况是什么了。如果支持这个作为解决社会问题的出发点的人说，建筑师总应该做点工作，还是值得鼓励的话，那么这种装置方案，难道是要让小摊贩们觉得可行，然后自己掏钱来推广？还是说让政府觉得可行，掏钱给小摊贩们用来逃避城管？在城市里跟书报亭一样做成成千上百个？这种装置方案的存在，事实上就是在告诉我们，建筑师正在怂惠这种在政府看来不合法的小摊贩，给他们逃避城管提供更大的便利，而不是在倡导这种不合法的流动摊贩，如何通过别的方式去获得它的合法性？或者压根建筑师就应该和其他公民一样，上街游行也好，上网呼吁也好，取消城管制度？

一个没有建筑核心部分的智力贡献的作品，如果通过与社会问题结合，就能被认为巧思妙想的话，那么只能说，诸如城管等社会问题已经成为有些人用来推销烂俗学生作业的完美借口。如果我是这个方案的指导老师，我至少要让这个设计师去街头体验一下生活！同样的问题还出现在叙述方案的方式上，方案的起头总是那么具有社会责任，包括对老城的态度，是如此的宏大叙事，聚焦于"拆"和"建"。但是微观层面呢？

比如试图给被围困在街区中心的院子找出路的那一记，本来好端端的可以去涉及一些公共和私人产权所引发的领地边界等话题，等设计师的方案把我们引上屋顶，踏上排水天沟组成的曲折小径，我们却突然成了来欣赏屋面组成的水墨画效果的博物馆观众了。

关于命名学，"馄饨"要比麻花更苏州一些，"云吞"要比馄饨更来的文雅些，却是实实在在地从广东话来的。放到苏州，想来点戏说新地域文化的意思？接着，那些明明是可以用现成的、朴素的现代语言分析山水关系的词汇，都被置换成两字或四字的半文半白的标题之后，我差不多知道，这就像我们这个时代还能看到的文章中写着"在标准化的户型中，共享贝尔高林式的标准景观"那种腔调一样，都身患一种我所谓的

"洛丽塔"的病症，这里不是恋童癖，而是新一轮的"恋词癖"，可以参照《洛丽塔》的开头"洛——丽——塔：舌尖向上，分三步，从上腭往下轻轻落在牙齿上，洛。丽。塔。"

在另一处被叫作"隔岸师簧"的地方，设计师开始向他的老师致敬，我虽然没有他老师那般巧舌如簧，但我也没听说过，在我们的邻邦，被这位设计师瞧不起的称之为"日本鬼子"的建筑师中，当他们谈到现代建筑中的日本传统文化的时候，能够把日本的字词这么武装到牙齿的，安藤前的没有，更不用说伊东之后是如何谈论日本的当代性的了。

这样的命名功力，当一个文青虽赶不上时代的趟，但还勉强凑合，当然跟库哈斯把 curtain wall 谐音成 curtain war 是完全不在一个层面的，如果拿这个就想当个建青，那么还是需要再多回回炉，除非有的人只是想当一个造房子的人中会写字的，或者说写字的人当中的会造房子的。

如同前几年王南溟评论蔡国强的时候说"不要把肉麻当作有趣"，我们现在可以再补上一句——"不要把轻佻当作智慧"。恕我眼拙，我现在还没有办法从那些事儿中看清所谓的未来的走向，只有那么一种感觉：搞中国的本土文章一上来就往这个方向去了，我怀疑把设计师自己搞得"壶中天地宽"事小，如果就这么把"中国概念"搞枪毙了，那可事大。

这个年头，有人如果夸你老实，那就是在骂你"傻"，如果有人还要夸你真诚，那很可能是在笑你"蠢"。或许我不太傻，但是的确有点蠢，是为补记。"

158

自然之道

—— 《万物》中的启示

　　柯布西耶曾说：我们必须始终说出自己所看到的，但更难的是我们首先得明白自己所看到的。的确，说出所看到的需要一定的技巧和勇气，但要弄明白所看到的就非智慧莫属了，尤其是对那些见仁见智的事物怎么才算明白呢？当下的建筑界乃至整个文化界可谓纷纭杂呈，更多的时候让人莫衷一是，而那些既往的历史与文化难道就能盖棺定论？

　　梁漱溟先生通过对东西方文化比较得出：中国传统文化是早熟的文化。姑且不说这结论是否正确，却从一个侧面说明我们的传统文化有着超常的稳定性。客观来看，近两千年以来我们的文字、书法、绘画、建筑乃至社会制度等可谓因因相陈，甚至千篇一律，这就成了黑格尔眼中"停滞的文化"。这"千篇"的"一律"到底是什么呢？或者存在吗？社会的生产方式与文化（思想）是相辅相成的，这种相互关系带来的影响也必将反映到艺术的形式与精神中。德国著名汉学家雷德侯教授在他的《万物：中国艺术中的模件化和规模化生产》

中对此进行了极其精辟的论述，从一个西方学者的眼中为我们揭示了这"千篇"中的"一律"。

　　雷教授从汉字系统、青铜器、兵马俑、漆器、瓷器、丝绸、建筑、印刷和绘画等进行了逐一分析论证，阐述了他的观点：中国传统艺术能够进行规模化生产都是因为中国人发明了"模件"（以标准化的零件组装物品的生产体系），而模件化生产又以多种方式塑造了中国社会的结构和思维模式。这视角十分独特，不但用大量的论据对物质（事物）层面进行详尽论述，而且也延伸到了汉字、书法和绘画精神层面。需要补充的是在雷教授没有论及的诗词、戏曲等领域也存在着模件化和规模化生产，现略述诗词中"模件化和规模化的生产"。诗词中的"月亮、风雪、杨柳、梅菊"等就是最小的模件，小孩启蒙从单字和词语的对句开始，直到最后完成整篇的习作，还有诗词对字数和格律都有着明确严格的要求，而且还有着固定的词牌，这些都与模件化和规模化的"生产""审美需要"相一致。而文人雅士常常会对某一题材做出大量的作品，皇帝则可以利用大批御用文人集体来写风花雪月歌舞升平的应景之作，这种"生产体系"造就了艺术品的高产量和多形性，但也必然要付出巨大的牺牲，那就是对个人自由的限制与削弱，也许正是诗词的这种自律最终将"唐诗宋词"推上了传统文化的巅峰。

　　该书的最后一章还探讨了"中国人究竟以什么为艺术的问题"。我国历来将建筑、雕塑等看作匠人营生，对书法的

艺术性却推崇备至，"就传统艺术的定义而言西方人和中国人的见解原本相去甚远，而随着时间的推移，这种定义在两者的文化中已经发生变化"。例如墓葬中的青铜器、兵马俑及大量玉器并不是为了今天所谓的"艺术审美"而生产的，它们在传统文化中只是作为墓葬或者祭祀的礼制而存在的，所谓"葬者，藏也，欲人之不得见也"。只是后来随着时代的演变和西方文化思潮的影响，这些器物才渐渐被我们纳入艺术审美范畴中。

"在欧洲，机器的发明和应用导致机械化大生产取代手工劳动。但机器不是引发工业革命的唯一因素。劳动力的组织和管理、劳动分工的技巧也是不可或缺的重要条件……我们可能会发现中国的范例对西方现代化大规模生产技术的影响远远超乎世人的想象。"雷教授对"模件化和规模化生产"的评价不可谓不高，他还注意到"模件化体系注定会削减物品的制造者、所有者与使用者的个人自由，从而在社会上制造了难以通融的限制"，可能他没有意识到更深层次的"限制"。何兆武先生在《传统思维与近代科学》论述可为补充："中国传统的思维方式总是把人伦纲纪置诸首位，然后再把它扩大成为自然界的普遍法则；于是全宇宙就都被等级持续或品级制所

伦理化了……在中国传统的社会与文化中，从来没有个人或个人主义的地位。个人仅只是人伦关系的工具，他只能把自己以及自己的一切贡献给人伦的实践，此外他作为个人别无任何价值。"

　　在传统的社会和生产方式中，个人的价值的确是不重要的，同样单一的艺术形式也是不重要的。青铜器在祭祀或者墓葬中都是成组成套出现的，兵马俑也是如此。在漆器、瓷器、建筑等方面也是体现着对单一形式的弱化，更多的是从系统化来考虑问题的。传统官式建筑中的斗拱、开间、院落和色彩的运用更多的是由身份等级来限定的，而非由设计者和使用者的个人喜好决定。如此一来个人又是如何继承与发扬这种文化与完成审美的呢？因为"模件化和规模化的生产"必然有着一定的"程式"，潘公凯先生在《谈中国画笔墨》认为：个人通过对"程式"的继承既实现了文化的继承与发扬，同时还完成了审美的需要。以中国历史最久的书画艺术为例，一个古人要想成为书法家或者画家的第一步不是创造自己的风格，而是对传统的字体和书画作品进行大量的临摹，在日积月累中达到对这门艺术"程式"的理解与把握，最终通过对程式的些许修正或者悟化来实现自我价值，所以千百年下来我们的书画艺术表面看似乎变化不大，大有"停滞现象"，只是这种程式化"训练出了中国精英极为敏锐的视觉审美鉴赏力，这种独特的审美鉴赏力的精微程度是人类文明的成就之一"，其实这点在中国传统建筑中表现得也尤为突出。总之，在传统社会与文化中，离开程式的单一形式是不重要的，甚至是没有意义的。个人在其中是模糊的不可离析的，而程式却是清楚明了的可以编排的，难道这就是孔夫子所谓的"随心所欲，而不逾距"？作为个人的审美需要，"只可意会不可言传"就变得十分重要，这也许就是我们传统文化中为什么特别推崇"自然之道"的原因。

一棵树的叶子成千上万，每片都极其相似，但却成就了参天大树和森林，其实每一片叶子又完全的不同。家门口的树木去年被大风刮倒了，暮春已经挺起了腰身，英姿勃发，身处自然中的人们却与自然渐行渐远，只是不少人在大风没有到来时已经匍匐在地，而且再也挺不起腰身，也许这才是"万物"给我们的启示。

丝袜·表皮·形式

这个所谓的"千年极寒"即将过去，因为已经立春了，专家解释说今年到底算不算"千年极寒"只有冬天过去了才能确切知道。算不算极寒我不感兴趣，春天我还是很向往的，春暖花开，春光明媚，春心荡漾，包裹了一冬的大腿终于得以解放，黑的、白的、紫的、橙的、红的、蓝的、肉色的、透明的、网眼的……这是丝袜的季节，各式丝袜让双腿娉婷腰肢婀娜花容失色，可谓"绝胜烟柳满皇都"。柏杨先生有《满庭芳》词曰："提袜故伸大腿，娇滴滴，最断人肠。"又叹曰："呜呼，一条玉腿，从根到梢，全部出笼，姿态优美，曲线玲珑，男人怎么能正心诚意地当正人君子呢。"是啊，到底是伪君子还是真流氓的确是个问题。

道貌岸然的人痛心疾首，他们痛惜中国人独霸丝业 2000 年，发明了丝衣丝裳，却没发明丝袜，只有裹脚布。而中国的养蚕术却在 6 世纪时被两个洋和尚偷走，他们把蚕卵藏在拐棍里，不远万里运到欧洲，西班牙人首先造出了丝袜，从此告别了毛腿时代。其实在我们为火药指南针痛惜的同时，也应该为与丝袜失之交腿而痛惜，好在我们咸与维新了，在引进洋枪洋炮的同时也引进了丝袜，也许三寸金莲穿上丝袜也算中西合璧与时俱进了。

鲁迅说过，中国人的联想能力超凡，看见鞋就想到脚，想到脚就想到腿，想到腿就想到生殖器。其实在开放的西方丝袜也不是这么轻而易举堂而皇之地套在双腿上的，女人的大腿也只能在红磨坊里粗俗的康康舞里撩起裙角时露出惊鸿一瞥。梦露站在地铁通风口上的经典镜头，惹得橄榄球明星老公对她报以老拳，充满肉感和诱惑的双腿甚至比那些被遮盖的部位还要宝贵。当大腿不能明目张胆地革命时，就要有丝袜做掩护，采取迂回的灵活的游击战术，把大腿彻底解放出来，使女人的腿成为视觉中心，最终让那些封建卫道士陷于人民群众大腿的汪洋大海中。民国初年旗袍在此历史转折点忽然大放异彩，进口丝袜的流行，淘汰了老式长裤，赋予旗袍开衩以全新意义，开口处，若隐若现的大腿闪动丝质的光环，如变幻莫测的电影镜头，撩拨情欲。张爱玲做小孩子时，最大的愿望就是能快快长到20岁，这样就能穿带网眼的丝袜，能擦鲜艳的口红。

"丝袜之于大腿本来就是一件多余之物，虽然它包裹大腿如此尽心尽力、严丝合缝。当丝袜越来越性感，复杂的提花及精工蕾丝，生动的条纹和鱼网纹，甚至金属线和炫目假钻彻底刺激肾上腺素，粉红、浅黄、暗绿，多种多样的色彩使人目不暇接，终于有一天，大腿发现，丝袜不再只是它的附庸和装饰，已经独立门户，自成一家。丝袜就像神话故事里的面具一样，大腿已经深陷其中，不能自拔。丝袜已经从性解放武器变成了另一种封建卫道士，我们甚至可以看到在健身房里穿着丝袜健身的女人，丝袜不只是女人的'第二肌肤'，它干脆取消了大腿的话语权，没有它的包裹，女人惊慌失措。越来越多的男人已经被异化、俘虏、蛊惑，站在了丝袜的一边，女人反而成了丝袜的丝袜。"

丝袜相对于大腿来说是一层不折不扣的"表皮"，这让我想起了前几年建筑界热闹一时的"表皮运动"，一时间批着各式各样表皮的建筑设计竞相登场，搔姿弄首，风骚偶傥，不甘寂寞的理论家在台下鼓吹呐喊，似乎我们的设计找到了与国际接轨的方向。"建筑表皮是当今建筑界关注的话题之一，文章试图从表皮概念缘起、表皮与空间、表皮与结构、表皮与材料以及表皮与时间等角度来理解建筑表皮这一概念，并希望在层层剥离表皮与其他关联因素的相互关系之后，能够更加深入地理解建筑表皮，理解它作为建筑重要组成部件之一，在建筑形态构成中可能起到的作用，由此引发我们在建筑设计创新中给予其足够的尊重和发展。"这是我随便在网上找的一篇关于表皮文字的"摘要"。按理来说新事物的出现应该丰富原有事物的种类或存在方式才对，可惜当时人人好像都穿上了"表皮"，只是这皮是一样的，至于"表皮"下面揣的什么心只有自己知道了。才过去几年，"表皮"就迅速褪去了，当时我就纳闷，树木本来就有皮，牛和鳄鱼也有皮，只是被人们用来造纸和皮鞋皮带了，难道之前的建筑就没有"皮"？现在才明白，"皮"不是根本，"表"才是关键，光鲜的表面与表象就是一切，或者还是先进文化的"代表"？

我们的建筑设计并没有因蜕皮而"裸泳"，当下我们技术上开始运用"参数化"设计，理论上响应国家号召走绿色低碳路线，与时俱进是主旋律，当然在这两个基本点之外我们一直还有一个中心点，那就是"以人为本"。一切都没有错，如同我们几十年来一直在提倡"为人民服务"一样，只是这人或者人民到底是谁呢？在一轮轮的房价调控中，几家欢乐几家愁，有为幸而为房奴者而乐，更有为甘心为奴而不得者而愁，没有乐愁的可能只剩下人民公仆了，因为他们的境界是"先天下之忧而忧，后天下之乐而乐"，非常人可比。

相对于丝袜和建筑（或者房子），我觉得还是拜倒在丝袜下面的好，虽然丝袜让大腿已经深陷其中不能自拔，从性解放武器变成了另一种封建卫道士，也有让女人成为丝袜的丝袜的危险，但是丝袜及时在改进着织造材料、创新着纹理设计、呵护着大腿冷暖。据报道，莱卡©3D是丝袜工艺革命的最新成果，它把莱卡纤维织入每一路，编织成圈。莱卡©3D丝袜从腰间到脚趾处处贴体合身，感觉就像第二层肌肤，其均匀齐整的纹理结构，给双腿彻底的光滑均匀的美感。而世界丝袜的翘楚——奥地利的wolford品牌将超薄的5D丝袜命名为aura，也就是"气氛""感觉"的意思。这一切是直接的，尽管丝袜的颜色和款式每季千变万化，可是丝袜的设计者似乎远没有我们建筑设计者这样为形式焦虑或者挖空心思，因为丝袜万变不离双腿，从来不用背负什么民族历史与传统文化。

　　面对即将到来的春天，各大城市开发商囤积的建设用地也应是"庭草无人随意绿"了，天涯芳草莺歌燕舞是何等的景象，只是这"绿"让人刺眼和心痛。街上丝袜的诱惑也许是致命的，但是对于被诱惑者来说这死也算自愿的，哪怕他思想觉悟不高至死不悟，为奴不得的人们千万莫要错过春天里这温柔致命的诱惑，让房子见鬼去吧！

丝袜的肌理与形态

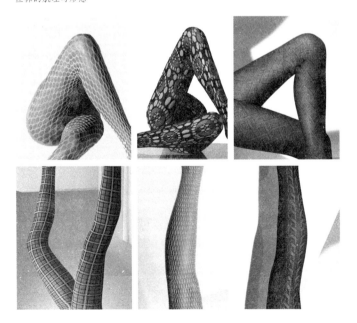

暮鼓晨钟
——时空的现代化演绎

日月经天，江河纬地，先民对时空的感觉与认识由此而来。几个文明古国的先人们依河而居，根据河水涨落及日月星辰变化规律耕种收获，并由此划分时间编制历法，于是有了年份、四季和日月。随着文明的推进，人们筑城造郭，计时也更准确，并为计时建有专门的建筑。

中国古代的城中基本都建有报时的钟鼓楼，现存的钟鼓楼以北京和西安的为代表，同样西方教堂的钟声也担负着报时的功能。瑞士的钟表制造业由来发达，结果他们把钟表制作变成了艺术，可谓在雕刻时光。说来很有意思，清朝对西方的认识和交流因为文化差异显得格格不入，对洋人如何向皇帝行礼分歧姑且不说，对那些朝贡的器物也几乎都视为奇技淫巧，唯独对西人的"自鸣钟"可谓情有独钟。现代化首先是个时间观念，还有人们对时间的认识、计算、掌握与利用，而全球化首当其冲的是全球时间的统一以及人们在共同时间下对空间的感受与再认识。

东方的钟鼓楼

中国远古时期，鼓被尊奉为通天的神器，主要用于祭祀，而且在狩猎征战活动中，鼓也被广泛地应用，想必大家都还记得"一鼓作气"的成语。而钟的文化也是源远流长，据《吕氏春秋·古乐》记载："昔黄帝令伶伦作为律"，伶伦创制出十二律吕，"黄钟大吕"即为第一律。史书记载黄帝率百官举行祭祀或重大典礼时："乃奏黄钟，歌大吕，舞云门，以祀天神。"历来帝王将相皆乐于做鼓铸钟，中国古代京城和重镇多专建钟鼓楼，悬挂钟鼓，暮鼓晨钟，文武百官上朝、百姓生息劳作均以此为度。

中国古人划一昼夜为十二时辰，分别以地支序之。以漏表或铜壶测得时辰，便击鼓报时，以便让民众知晓。但鼓声传播范围有限，齐武帝（483年—493年）时，为使宫中都能听见报时声，便在景阳楼内悬一口大铜钟，以应鼓声报时，首开先河。后世为使钟声传播更远，除了铜钟越铸越大之外，还建有较高的钟楼，与鼓楼相对。钟楼通常设有漏室，成为一个测时、报时的系统。

钟鼓楼很有意思，它是直接和时间有关系的，通过它可以把每日时间予以细分，但它却要占有一定的空间。每日的时辰划分是通过钟鼓声来传播的，如此一来钟、鼓声覆盖着一定范围的城市空间，时空就这样紧密交织为一体。

暮鼓声声，晨钟悠悠，老百姓的生活虽然不乏酸甜苦辣与悲欢离合，但是钟鼓声的泽被却让这辛劳有了慰藉与牵挂，

"钟声警万里，鼓声惠十方"，悠扬浑厚的钟鼓声，既使人领略到自然质朴的美，又给人以鼓舞、警醒与启迪。

公元 1580 年，西方传教士罗明坚将自鸣钟传入中国。利玛窦在 1601 年在呈给万历皇帝的献礼中包括了两件自鸣钟，从此庄严雄伟的故宫内响起了嘀嗒嘀嗒的钟表声，利玛窦后来还成了北京钟表店的祖师爷。清代的康乾盛世更是对自鸣钟喜爱有加，除了进口西洋钟表外，还在宫内设置了修理及制造自鸣钟的作坊，从此由中国宫廷到民间，机械钟表的流行和制造逐渐展开。

1884 年的北京电报局按照"每日早七点钟，开至晚十点钟"营业；1899 年火车在马家堡站的开车时间是精确到分，并且过时不候；1904 年的京师丹凤火柴有限公司以小时来计算工人的工作时间；1920 年，带钟的建筑——京华印书局大楼落成……虽然有了自鸣钟，但是北京城的暮鼓晨钟仍然要按传统的更筹计时法敲响，直到 1915 年钟表普遍使用后，钟鼓及钟鼓楼才最终成了供人们观赏的文物。

教堂的钟声

西方古代计时原理和我们差不多，也是采用日晷、水钟和沙漏等方式，但是东西方对时空的认识还是很不一样。我国古人认为时间是不断运动的圆圈，因此传统的计时法是干支纪年法，时间周而复始，循环不已，时间的变化是协调于自然状态，并且注重人与时的和谐。而以犹太基督教文化为基础的西方文明把时间看成一条直线，是一种线形的单向持续性运动，因此西方采用的"公历"便是线性的，而且认为时间有始有终的，目前最广为接受的解释是"宇宙大爆炸"理论，它被定义为时间和空间的起点，而宇宙大爆炸之前的时间和空间是无限的。

西方虽然没有像我国古代那样为计时专门建造钟鼓楼，但是城镇处处皆有教堂，而教堂基本都设有钟塔，在计时器缺乏的时代，钟声决定一天的作息，为历书上全年的节庆和宗教活动提示周期，赶走妖魔和恶劣天气、瘟疫，并且为每一次的出生、婚礼和葬礼而敲响，钟声也意味着来自上帝的福音。

法国作家阿兰·科尔班在《大地的钟声》一书中分析、研究了19世纪约一万起与钟有关的事件，作者发现这些不寻常的事件背后存在着一个社会秩序和权力的体系。"钟声"正是这一体系的一个结点，它支配乡村生活的节奏，确定其空间范围，决定集体和个人的身份，表现人们对土地的依恋。钟声构成一种语言，建立了一种交流系统，个体之间、生者和死者之间业已消失的联系有赖于"钟声"得以传达和重建。

时移世易，随着社会发展，"钟声"建立的系统遭到了破坏、瓦解与重建。在科尔班所觅得的资料中，数量最多的是关于钟声的争端，它们总是事关对"钟声"控制权力的争夺：怎样敲，为何敲，在什么时候敲，谁来敲。这些争端发生在中央与地方之间、村落和村落之间、神父和村长之间。冲突最大的莫过于 1880 年 7 月 14 日，因为政府将这一日确定为现代国家的重要节日——国庆，并且要求教堂的钟声在这一日必须敲响，只是这钟声不再是为上帝而响，这一决定导致了信众神父与政府的大量激烈冲突，当然最后是政府取得了胜利，尼采的那句"上帝死了"并非预言，而是事实。随着时间的推移，大量人口涌进城市成为流水线上的市民，关于"钟声"的冲突变得越来越弱，直至后来时钟逐渐代替了钟声的报时功能，只有在特殊的庆典节日才被允许敲响，"钟声"竟然变成了扰民的噪声，最后彻底变得噤若寒蝉。

在科尔班的研究中，他发现了一个很有意思的现象——这些城镇的规模大小与教堂钟声的覆盖范围基本一致，弥漫的钟声不受视觉空间的阻隔，钟声覆盖之处属于教化之内，而钟声传不到的地方则为荒蛮之地。

19 世纪法国画家米勒那幅著名的油画《晚钟》里，劳作的农民虽然身处郊外，但是远处传来的钟声慰藉着他们的辛劳，并使得他们静立、聆听与祈祷。比萨斜塔很有意思，在数百年的时间积累中，它渐渐倾斜改变了空间关系与视觉形象，只是这一改变让它更多地以视觉形象而存在而非钟塔发出的声音。

反观我国古代的城市规模应该与钟鼓声的覆盖没有直接关系，因为在皇权下"普天之下莫非王土，率土之滨莫非王臣"，都城营造大体遵循着《考工记·匠人营国》，偌大的汉唐长安都是在很短的时间建造而成，其实也就是先围城划定边界，据说及至汉代崩溃时一些里坊也仅仅是建造了坊墙而已，这与西方一个大教堂动辄数百年的建造时间形成了极大的反差，决定这反差的并不是效率高低，而是由东西方文化的根本性差异所造成，在既往的历史中，我们基本没有西方那样的神权与皇权之争。我们也许不能理解巴黎圣母院的钟塔何以要建造数百年，同样西方人也难以理解为什么我们临摹了《兰亭集序》一千多年，至今仍在继续。

逝去的声音

诗以言志，文以载道，诗词歌赋一直贯穿于我们的历史文化长河。《诗经》是我国最早的一部诗歌总集，而开篇第一句的"关关雎鸠"可谓妇孺皆知，"关关"者，"雎鸠"之鸣也，正是这声鸟鸣让逝去的时空不再沉寂，并且多了一份浪漫与灵动。

岁月远逝，沧海桑田，无论时间还是空间都变得不似当初，曾经的年代虽然没有录音与录像的留存，但是却有着"呦呦鹿鸣""两岸猿声""山深闻鹧鸪"，有着"阡陌交通，鸡犬相闻"，有着"唧唧复唧唧，木兰当户织"，还有着"惊涛拍岸，卷起千堆雪"，更有着"潇潇雨歇，仰天长啸"，当然也有着"长太息以掩涕兮，哀民生之多艰"……不能想象如果历史的时空中没有这些声息将会是何等的沉闷与乏味。余光中先生笔下的"那只蟋蟀"叫声更是穿越古今与海峡两岸，让故园有了依托，让乡愁有了慰藉，让人生有了希望。

日本建筑师卢原义信对空间的定义是："空间基本上是由一个物体和感觉它的人之间产生的相互关系所形成的。"这个定义很让人赞服。当夜半寒山寺的钟声依稀传到客船时，船上旅客可约略知山寺不远，而且也勾起了无限的乡愁；当科隆教堂的钟声在如诗画般的田园上空回荡，田园劳作的人们该是何等的慰藉。

美国建筑大师赖特建造的东塔里埃森设计事务所，最为诱人的是户外的析居场所——门前高地上两株巨大的橡树覆盖着茶事空间，巨木斜枝上竟然挂着一口中国的铜钟，饭食及茶歇皆因钟声而定，可谓大师手笔。

时空虽然是客观的存在着，但是对于栖身其中的人类来说生命绝不是一瞬，历史更不是刹那，而世间万物的声音（尤其是人类自己敲响的"钟鼓声"）因为人类的参与就具有了符号学、人类学和社会学的价值与意义。时间无时无刻不在流逝，相对来说空间似乎是固定的。自然界空间是山川胜形和江河湖海，人造空间则是靠墙体、屋顶和体积围合形成的，其实对于个人来说空间从来都不是绝对客观的，人对空间的感受除了视觉外，还必须借助声音、气味的扩散、覆盖与弥漫来完成。

"上下四方曰宇，往古来今曰宙"，东方与西方虽然分属于不同的空间，各自有着不同的文化背景与历史传统，对时空有着互不相同的理解与认识，但是回响在文化空间中的"钟声"都是扣人心弦的，并且让各自的历史与文化独具韵味。

《诗经》的第一句诗始于鸟鸣，而首篇的最后一句结束于"钟鼓乐之"，难道这是偶然的吗？

被动的耳朵

随着人类科学技术的进步，人们对时间的认识与理解越来越深刻，控制也越来越精准。目前全球有世界时和原子时两个时间系统，前者以地球自转周期的天文观测为基准，后者则以原子钟得到的稳定原子振荡周期来确定"秒"的长度，"北京时间"采用的是原子时系统，其误差为3000万年一秒。其实"北京时间"并不是来自北京，而是来自陕西临潼的中科院国家授时中心，这个中心始建于20世纪60年代中期，之所以建造在这个地方既是为了"服务半径"合理，也是为了战略安全需要。在这样的计时方式下，不但没有了钟鼓声，就连自鸣钟也基本消失，各种电器上自带的电子钟虽然让"时间"变得无处不在，只是时间的无声流逝与耳朵基本无缘了。

在近现代社会以前，人们能听到的声音基本都是来自自然界的，人工能制造的最大声响大概莫过于大炮、钟鼓声及爆竹了，而且这些天籁之音可以说都是一次性即时性的。

随着人类科学技术的进步与发展，人们制造声响的能力和手段突飞猛进，汽车、火车、轮船、飞机等，还有各种工厂都会产生持续大量的声响，只是这些声响绝大多数是附带发出的，对人类来说就成了不折不扣的噪声。对于那些美妙、值得反复回味的声音人们先后发明了留声机、录音机、电话、

176

扩音系统、广播、电视、iPod 等，这些设备既是人耳的现代延伸，也是人与时间、空间、自己及他人关系的延伸。传播媒介的演变被麦克卢汉划分为"部落时代""脱部落时代"和"重新部落（地球村）时代"三个时代，主要传播媒介方式依次为面对面的口语直接交流、间接的书面文字交流和虚拟现场交流的电子传播。他认为电子时代唤醒了耳朵的回归，因为若没有听觉的加入，单靠视觉很难实现由电磁波造就的虚拟的部落式"现场"交流 。

"部落时代"人们面对面进行口语直接交流时听到的都是原声，并且听到的自然界的声响也都是原声，虽然那个时候人们没有现代社会的电子设备，但是能听到的声音却是丰富多变的，而且那时人的耳朵对声音的敏感度是现代人所不及的。

"圣"的繁体字为"聖"，甲骨文的字形是一个嘴巴对着耳朵很大的一个人，古文中"圣"和"听"是同一个字，《说文》中谓："耳顺之为圣。"在远古时代，禽兽遍地，危机四伏，夜幕低垂，听力敏锐的人一定是活得长的人，并且能提前报警带领大家逃命。这样的人听力好，也能听出大家的心声，就像哺乳的母亲从咿咿呀呀的声音中即可听出幼儿到底是饿了还是要撒尿了。

文字的使用和印刷术的发明使得古人"脱部落时代"成为可能，但是这个时代读书识字还是极少数人的事情，多数人还是要靠口口相传来学习知识和生活。

"机械复制的时代"终于到来了，大量的文字和图画的简便、廉价复制成为可能，在读图时代用视觉学习知识和交流成了主导，身处在车水马龙的街道、广场，耳朵更多是被动接受着噪声或者不相干的噪声，而音乐厅、博物馆、购物中心、饭店、酒吧等现代文化商业场所则用各自精心营造的视觉、音乐甚至嗅觉形象来争取与锁定特定年龄、性别、文化取向及消费水准的顾客群体，从而扩大各自的影响与竞争力。

当下城市不夸张地说被铺天盖地的广告覆盖了，连那些奔跑的公交车也穿上了各式"文化衫"，尽管这样大家基本都接受了，因为视觉很容易做到回避或者视而不见。可是对公共场所的声音回避就显得勉为其难，大妈们跳广场舞的背景音乐激起了多少矛盾与冲突。以至于有人建议大妈们可以戴上耳机，这样既能跳舞又吵不到别人，提这个建议的人估计没有跳过广场舞，如果一群戴着耳机像天线宝宝一样的大妈在广场上悄无声息的跳着舞，那将会是一幅多么滑稽的景象，大妈们这样跳舞还有乐趣吗？

玻璃自19世纪以来逐渐普及，现代建筑的兴起与发展从表象来看就是立面玻璃逐步变大的过程，及至完全变成了玻璃幕墙，透明玻璃使得室内外可以视而不闻，貌似透明开放的空间却阻挡了公共听觉空间。而"随身听"、手机、mp3和iPod使得私人听觉空间进一步流动起来，人们戴上耳机一边穿越公共文化空间一边享受着私人听觉空间。在落地玻璃的写字楼上，年轻的职员头戴耳机盯着电脑的画面，他不自觉地随着耳机的旋律摇晃着脑袋，脸上浮现出笑意，但愿他能听到幸福。

变幻的时空与音响

"逝者如斯夫，不舍昼夜。"当年夫子望河兴叹，而今沧海桑田，高峡平湖，黄河时有断流，一夜风雨，城市却能泛舟捉鳖。时间无时无刻地流逝着，水滴石穿，空间也随之变化，尤其是人类借助自身的科技力量极大地改变了地貌的形态及色彩，一个个生物的灭绝也意味着一个个独特声音的消失，闹哄哄的城市中所有声响基本都来自人类，只是人们渐渐对这些声响变得充耳不闻，哪怕是马路上歇斯底里的喇叭声。

城市化与经济的发展不平衡造就了"春运"，以城市文明为主导的生活和空间使得春节基本沦为了挤火车。鞭炮、社火是农耕社会人们在寂静冬闲时节的呐喊与狂欢，然而随着城市化的进程，一方面人们的日常感官状态变得越来越丰饶乃至饱和，另一方面个体生活空间又变得过于拥挤乃至破碎。于是在人口稠密的都市空间放鞭炮就成了扰民与怀旧的纠缠与冲突。其实城市里动辄数万歌迷与球迷的狂呼呐喊阵势比鞭炮社火有过之而无不及，只是人们的生活背景与基础发生了改变，鞭炮声失去了承载的空间与耳朵，而人们却能承受无休止的喇叭声。

城市里没有了天桥，那些口口相传的曲艺也就渐行渐远，但是城市里有收音机，有电视，还有电影。我小时候生活的环境单调而封闭，收音机里的"小喇叭"和评书联播就成了莫大的乐事。

若干年后在电视上看到王刚动情的回忆起他听评书的场景：他从单位六点下班骑车回家，沿途大街小巷的收音机里都在播放着他自己演播的评书——《夜幕下的哈尔滨》，他骑车到家刚好半小时，就这样他可以一路听着评书回家，这是何等惬意与自豪。

后来的电视取代了收音机，也使得电影院门可罗雀，再后来随着互联网的兴起与智能手机的普及，使得多少人成了戴着耳机的低头族？近些年随着影视娱乐产业的发展壮大，电影院却越建越多，走进电影院的人也是越来越多，影视作品的票房也是屡创新高。

个人的价值与自由固然是现代人们的追求目标，但是说到底人还是社会性的，所谓"独乐乐不如众乐乐"。对于古代人来说书画作品还可以通过临摹复制，而对于声音就显得无能为力了，而现代人凭借电磁录音和传输技术，声音可以被再造与复制，在时间和空间上与声源脱节，并实现了商业和文化市场上的买卖，音像产品变成了社会文化传播的消费品与必需品，这种传播方式和古代人对曲艺追求的"真传"极其不同，由于条件限制，所谓的"真传"更多是精神性的传承，而非物质复制性的传播。

　　城市化的表征特点是空间的巨大变化，其实城市的时间观念也与传统的农业社会有着极其的不同，市民更关心的是能否赶上下一班地铁，是否能按时到达办公室，在恒温玻璃幕墙的写字楼里也不分昼夜地开着灯，可以说城市里已经没有了四季与气候变化的意义，更不用说二十四节气交替的价值。钟鼓声当然没有了，急着上下班的人谁还在乎日出地平为"旦"，日落草丛为"暮"？ 突然觉得"周扒皮"是那么的可爱，如果现在还有哪个老板为了员工加班干活而早起学鸡叫，那员工还不感动的忠诚如狗卖命如驴？

　　曾经的时空和声音是具象的、感性的、仪式性的，也是外向的、集体的，还是共时的与约定俗成的。而今的时空和声音则是抽象的、理性的、形式感的，也是内向的、个人的，还是割裂的与过度消费的。

　　现代社会的听觉空间变成了越来越复杂的交互式结构，一方面它一如既往地服务于个体所需要的自我身份塑造辨识，另一方面，它不断地以虚拟的和实际的方式重塑听觉社区，使个体经历着比传统听觉社区更复杂的选择和更多重的身份。这样的听觉文化空间既是虚拟的也是现实的，既是开放的也是封闭的，既是热闹的也是孤寂的。

　　信息与影音呈爆炸式的被制造与掩盖，承载信息与影音的技术手段也越来越先进，一张薄薄的光盘能够保存数十万部的书籍或者上千部的电影，现在网盘的开发连这张薄片的物质也不需要了，可是人的眼睛与耳朵的进化却是缓慢甚至停滞的，我们压缩了信息却无法压缩时间，在有限的生命我们也只能望网兴叹。

全球化导致了时间、空间乃至音像的过度商品化与资本化，城市的空间是越来越大，车的速度是越来越快，可是上下班的人们却是越来越慢。昂贵的房价需要民众为之付出二三十年换得三室两厅的空间，随着地王频出，他们为之努力需要变成五十年、上百年甚至数百年，当然他们也可以缩小自己的预期空间，直至让欲望和精神缩回自己的躯体。不知道 VR 的兴起与革命是否能释放出他们缩回躯壳的欲望与精神？

消逝的光影

鸿蒙之光

鸿蒙时代，太阳对万物的重要性不言而喻，阳光既促使着万物生长，也为万物带来温暖、光明与希望，自然界能提供光明与温暖的还有星辰、月亮与野火，可是这些都无法与阳光相提并论，而人类掌握用火的历史相对来说并不久远。人们热爱着太阳，同时也讴歌、敬畏着太阳，在远古时代，无论东方还是西方都有着大量和太阳相关的传说与神话。

"天地混沌如鸡子，盘古生其中。万八千岁，天地开辟，阳清为天，阴浊为地。"盘古开天辟地，有了阳光天地不再混沌，夸父逐日，累死于对光明追求，然而天有十日，地如煎锅，有赖后羿神射，民才活焉。羲和、东君是太阳神，炎帝也是太阳神，"炎黄子孙"也可以说是太阳神的子孙。这些神话传说貌似荒诞，其实都可以看作先民对阳光和火的认识与敬畏。

神话传说都是浪漫的，现实的生活却是真实甚至残酷的，漫漫长夜，一灯如豆，而且这油灯之光也是来之不易，于是才有了"凿壁借光""囊萤映雪"的故事。随着文明的进步，人们对光与火的认识、掌握与利用也越来越娴熟自然，"星垂平野阔"是意境，"床前明月光"是乡愁，"红泥小火炉"是温馨，"何当共剪西窗烛"是期待，诗意的生活不再是奢想。

地有东西之分，人有肤色之别，尽管长久以来不同地域的人形成了各自的文化与文明，但是大家都面临着共同的日月星辰，古埃及、古希腊与古巴比伦都有着自己的太阳神与崇拜。古埃及除了建有文明世界的金字塔，还建造了大量的太阳神庙，其中卡纳克和卢克索的阿蒙神庙有着恢宏的尺度，高大的空间，密集粗壮的柱子，在光影交织下，营造了震撼、神秘与压抑的氛围。最为出名的应该是建于公元前 1300 年的阿布辛贝神庙，它为古埃及新王国第十九王朝的拉美西斯二世所建，主体朝东，每年只有在拉美西斯二世的生日（2 月22 日）和奠基日（10 月 22 日），旭日的阳光才能从神庙大门射入，穿过 60 米深的庙廊，洒在尽头的拉美西斯二世巨像石雕上，人们把这一奇观发生的时日称作"太阳节"。1966年因兴建阿斯旺水坝，神庙被整体迁移至高出河床水位 60 余米的后山上。古希腊的太阳神虽然不是阿波罗，而是赫里阿斯，但是阿波罗也具有着太阳神的属性，因为它是光明之神，也许正因为如此，美国登月的宇宙飞船才被命名为"阿波罗"。

欧洲著名的史前文化神庙遗址当属位于英格兰威尔特郡索尔兹伯里平原的巨石阵（约建于公元前 4300 年），其实这应该也是一座太阳神庙，这些石块每块约重 50 吨，它的主轴线、通往石柱的古道和夏至日早晨初升的太阳在同一条线上，另外还有两块石头的连线指向冬至日落的方向。

德国 19 世纪著名的建筑师和建筑理论家戈特弗里德·森佩尔提出了"建筑四要素"的概念，他对建筑进行了追根溯源，并将建筑归结为屋顶、墙体、火炉和高台四个要素，关于这四要素探讨的文章很多，尤其是大家对"火炉"的见解分歧较大。其实森佩尔的四要素本来就不是表面的归纳，更不是对现代建筑的指导，在传统建筑中，一家之中的"火炉"基本设于公共空间的堂屋，漫漫长夜，唯有"火炉"能带来温暖与光明，有多少童话和传说发生在火炉边？有多少失落与疲劳在火炉边得以慰藉？有多少勇气和希望在火炉边燃起？可以说"火炉"是整个房屋的精神象征，代表着光明与希望，今天的现代建筑已不再需要"火炉"，只是不知道满大街的房子象征着什么，又代表着什么。

阴翳之美

记得在大学上建筑史的第一堂课上，老师提了一个问题——为什么西方传统建筑是石头建造的而我们的却是采用了土木结构？他让每个同学随便表达自己的观点，哪怕是胡思乱想都行。大家的回答可谓五花八门，甚至匪夷所思，现在还记得一个同学是这样回答的：因为西方人一开始用了石头，我们祖先却用了木头，如此而已。历史深究到最后似乎就落入了鸡与蛋悖论，但是既成的事实对现实生活的影响确是巨大而深远的。中国传统建筑基本采用的都是土木结构，如翚斯飞的屋顶可谓最大的特点，围合的院落、出檐深远的房子既有效的遮挡了风雨的侵害，又提供了内向而平和的空间与环境。在没有现代化照明设施之前，这样的房子即使在正午，室内光线也是朦胧而弥漫的，何况当时的窗户还是用纸糊的而不是安装着今天的玻璃。

日本的传统建筑与文化脱胎于中国，可谓同宗共祖，关于日本传统建筑的光影特点描述最经典的莫过于谷崎润一郎《阴翳礼赞》，他还列举了日常生活中诸如笔墨与纸张、漆器与汤碗、肤色与化妆等大量的例子对"阴翳"之美进行了礼赞："美，不存在于物体之中，而存在于物与物产生的阴翳的波纹和明暗之中。夜明珠置于暗处方能放出光彩，宝石曝露于阳光之下则失去魅力，离开阴翳的作用，也就没有美。"这样的赞美是对眼前现实的一种超越，并且使得"阴翳"这一概念有了新的文化内涵。

谷崎的文章让我想到了中国传统的生活与文化，无论琴棋书画的高雅，还是衣食住行的世俗，也都有着与他笔下一般的"阴翳"推崇与审美。书法和山水画可谓传统艺术的代表，这两者宗法一脉，讲究的是墨分五彩，计白当黑，气韵生动；君子如玉，古人对这种既没有宝石色彩，也没有钻石光辉的石头是那么的痴迷，因为他们更在乎"那种经过几百年古老空气凝聚的石块温润莹洁，深奥幽邃与无限魅力"，有道是"沧海月明珠有泪，蓝田日暖玉生烟"；无论是人世间丝绢葛麻的服饰，还是敦煌壁画中飞天的飘飘衣带，都有着"吴带当风，曹衣出水"的韵致；清茶一杯，氤氲袅袅，"至若茶之为物，擅瓯闽之秀气，钟山川之灵禀，祛襟涤滞，致清导和……"即使贵为帝王也为之倾倒。

与西方文化相比较我们为什么会有这样的不同呢？谷崎是这样认为的："细究之下，东洋人具有在自己所处的环境中寻求满足，意欲安于现状的性格，对阴翳不会感到不满，而是清醒地认识到其中的无奈，听其自然，反过来沉潜其中，努力去发现自身独特的美。可是富有进取心的西洋人，总是对更好的状态孜孜以求……"我很认可这个看法，儒家的和谐、道家的冲淡与释家的禅寂形成了东方的生活方式与文化特色，而西方传统文化更在于强调数与理的秩序与韵律，其实说到底还是文化的根本不同造成了东西方对光明与阴翳理解及审美的不同。

上帝之光

上帝说要有光，于是便有了光，西方的阳光当然是来自太阳，但是在教堂中祈祷的人们也认为穿顶的光线来自于上帝。且不说那穿顶宛若飘浮的圣索菲亚大教堂，也不必说至今屹立在雅典卫城光影交织的帕特侬神庙，更不必说那具有8.9米直径天光游移不定的万神庙，从古希腊、古罗马以来，历经中世纪、文艺复兴以及工业革命，教堂风格虽随时代有所变化，但亘古不变的是那让人感受到宛如上帝存在的一缕缕光影，这些教堂使得众人膜拜不已，上帝存在就不再显得虚无缥缈。上帝存在于众人的心中，而建筑师的工作却是实实在在的，他们凭借天才般智慧的头脑和工匠鬼斧神工的技艺铸就了一座座教堂，动辄几百年的建造周期可谓雕刻时光。

虽然上帝说要有光就有了光，但是在西方古代社会技术条件下要建造出一座具有空间和光影魅力的教堂或者别的公共建筑绝非易事，因为能用的材料基本只有砖石和土木，有限的跨度，粗壮的柱子，厚重的墙体，要有光就要开窗，可是在什么地方开窗，开多大的窗绝不是一件随便的事情，许多教堂在建造过程中是经过一再倒塌才完成的。那时的建筑师基本既是雕塑家、绘画家、科学家，还是技艺高超的工匠，某种程度上还是可以和上帝对话的巫师，达·芬奇、伯鲁涅列斯基、米开朗琪罗是其代表。人的力量和才智虽然有限，但当穿顶那不绝如缕的光线倾泻而下并且弥漫开来时，人也就变得崇高伟大起来，尤其是设计建造了教堂的建筑师也变得犹如神一般存在。

工业革命以来，西方的传统建筑日渐式微，现代建筑应运而生，柯布西耶那句"房屋是居住的机器"可谓现代主义建筑的宣言。现代建筑虽然与传统建筑貌似决裂了，但是现代主义的建筑师却欣然接过了"空间与光影"的大旗，形式、风格与材料可以千变万化，只要抓住了空间与光影似乎就有铸就永恒的可能。青年的柯布西耶花了很长时间游历了欧洲的经典建筑，他从帕特侬神庙的废墟中看到了光影的魅力，还看到了人性的光辉，甚至看到了科学与理性的伟大。虽然他早年激进狂热的讴歌推动着现代建筑的发展，并且明确提出了现代建筑的五点要素，还提出了"光辉城市"的构想，可是在晚年他却游离于现代建筑之外，无论是静谧粗犷的拉图雷特修道院，还是神秘梦幻的朗香教堂，它们都把空间与光影的变幻演绎到了极致。

大器晚成的建筑大师路易斯康也是运用光线的顶级高手，他的每个建筑都在试图建立人与宇宙的秩序与关系，埃克斯特图书馆、萨克尔研究所、金贝尔美术馆、孟加拉国议会厅等建筑尽管功能与规模各异，但却都是光影魅力无穷，都是能让人感受到永恒性精神存在的建筑。

莫非现代主义的建筑大师都为来自上帝的光影所俘虏？同时代的建筑大师密斯更在乎空间的通用性和流动性，而不是光影的变幻。他设计的建筑秩序明确，材料构造精准，相对柯布西耶的建筑来说更具有"机器性"，他的绝大多数建筑维护外墙基本全是玻璃，可谓有光无影，这样的建筑是属于城市的，所以这些大师中对世界城市建筑影响最大的无疑当属密斯。

说到20世纪的建筑大师，赖特当然是绕不过去的，他的草原式住宅其实受到日本传统建筑很大影响，舒展深远的水平挑檐导致光影效果并不明显，窗户基本都是处在阴影里，这样的氛围正符合谷崎润一郎笔下的《阴翳礼赞》。

城市之光

乡村的夜晚是漫长黑暗而寂静的，而城市的夜晚是灯红酒绿而喧闹的。从卫星上航拍的地球夜景照片令人震撼，没有想到夜晚的地球竟然这么璀璨与华丽，这照片上的亮度是与所在国家及城市的文明程度、经济实力成正比，"光是消耗了的材料"（语出建筑大师路易斯康），可看作是对地球夜景照片的注解。

天翻地覆，沧海桑田。田园牧歌的时代一去不返，教堂的钟声也已暗哑，尼采高喊"上帝死了"，可多数现代建筑师却乐意接过传统建筑师"巫师"般的衣钵，他们试图借助来自上帝的光影而使得自己的作品不朽，可在当下经济全球化的大背景下，在这个极度消费与娱乐至死的社会中，什么才是不朽的呢？那些曾经神秘而神圣的光影还存在吗？光影还是当下建筑存在的基础吗？

传统的建筑尤其是公共建筑相对来说都是独立存在的，基本没有什么遮挡，建筑的光影随着自然环境而变化，而当下的城市建筑因为土地条件和密度制约，许多建筑基本以一个沿街正立面存在着，并且路宽限制还不一定有最佳视距，这样的城市环境导致建筑光影变化大打折扣。其次当下城市里的建筑在白天使用也基本都是依靠人工照明，尤其是大量的办公楼只要在工作状态无论白天还是夜晚都开着灯（这让人想起那些生活在24小时人工照明笼子里至死都没有机会接触地面的鸡），大型的商业建筑、博物馆、医院等在白天也基本都开着灯，一个昼夜开着灯的建筑空间何谈那种自然的光影变幻效果？还有城市的公共建筑立面悬挂着大量的商业广告，这些广告基本都是可以发光的，这样一来建筑的无论内部还是外部空间的光影效果都被极大地削弱了。另外当下的城市建筑基本都是以高层存在，维护外墙越来越轻薄，窗户越开越大，乃至全部变为玻璃幕墙，光线缺少必要的承影面，更多的是被反射和折射，这样的建筑光影效果能与传统一样吗？

从十层楼窗户照进客厅的光线与从一层地面院子照进的阳光绝对不是一回事。还有当下的城市车水马龙，各种人工制造出来的噪声经久不息，这些噪声极大的瓦解了传统建筑光影的纯粹性甚至存在感，没有天籁之音和静谧的环境何谈光影魅力？

传统建筑中的光影是有密度与温度的，还具有自然的气息，它的密度来自那厚实的维护墙体，而射进窗户的阳光不仅仅提供着内心的温暖，并且提供着真实的热量，这样说来曾经的光线意味着天气与季节的变化，而在安装了空调等各种现代设备的房间，人们对天气与季节导致的温度变化已不是那么敏感，可以说城市里基本是没有季节的，甚至可以不需要季节的存在，当然能四季如春最好。现代建筑中的各种设备管线对空间的光影纯粹性瓦解是不容小觑的，从柯布西耶 的两个建筑对比很能说明这个问题，拉图雷特修道院因为建造时间早（1959 年竣工），里面基本没有什么现代设施，光影感觉是质朴与纯粹，空间中似乎能嗅到来自原始的泥土气息。而他的遗作圣皮埃尔教堂（2006年才建造完成），尽管室内基本维持着素混凝土的原始状态，相对前者来说设备管线多了不少，甚至还有粗大的空调风管，隐约还能听到一些设备的运行声音，因为这些设施的存在空间中的光影分明没了前者的自然与纯粹。

传统建筑因为使用材料、建造技术和施工周期基本导致空间是封闭内敛的，光影的效果因为洞窟般的窗户而神秘迷人，可以说对应的是一种较为原始的慢生活。而当下昼夜长短的客观时间似乎一如既往，但是人们做事情的节奏和手段发生了质变，从而使得社会性的时间和空间发生了根本变化，而不是绝大多数建筑师怀念、留恋甚至臆想的"万神庙天窗"的光影，现在时间越来越脱离甚至拒绝成为历史，曾经建造空间需要大量的物质和成本，但是那个时候空间本身不是商品，现在空间不夸张地说已经彻头彻尾商品化，社会性时间的变化正是后面看不见的手。曾经异域风情对多数人来说只是存在于传说和想象中，因为时间积累的历史就是屏障，偶尔跨入其中基本也都是猎奇和相互排斥的。现在屏障逐渐消逝了，通用、流动的均质空间正是伴随着资本全球化应运而生的。

在机械复制的时代，建筑虽然不像其他艺术品那样容易被随便复制，建筑依靠其在地的唯一性维系着其固有"艺术性"地位，但是当城市建筑随着时尚流行变得趋同，外在场所环境的变化使得传统的光影逐渐消逝，建筑的出路又在哪里呢？建筑师又该如何作为？

在当下的国际建筑大师中，妹岛和世的作品中的空间与光影令人惊叹而着迷，她通过对磨砂玻璃、压花玻璃、聚酯有机玻璃、柔软幕布等材质的精心运用，使得建筑的光线既是自然的、生活的也是诗意的，弥漫、模糊的光线，开放、均质、暧昧甚至趋于二维化的空间是她作品呈现的特质，连空气似乎都成了她运用的材料，她的建筑超然却不远人，恰恰是人的存在点亮激活了那些纯粹的空间，使得空灵中多了动感与活力。她的建筑给人的感觉宛若晨雾中徐徐展开的太极拳，从阴柔中可以看到魄力，从开放中可以看到隐秘，从暧昧中可以看到清晰。

妹岛的老师伊东丰雄认为她的建筑脱离了建筑师对于建筑的梦幻和虚拟的幻想，是生活的体验，是当今社会活生生人的体验，所以具有真实感。这种特质既来自天才般的灵感，也来自她从一而终的执着与坚持，这样的特质也许让常人难以企及，但却足以给我们启示与信心。

虚幻的光影

我们当下城市建设动力不夸张地说基本是靠出卖土地与建设大量住宅而维持的。我不知道全球的国家中有没有像我们这么"热爱"阳光的，幅员辽阔的大地上，城市住宅从南到北从东到西都严格的执行着"日照间距"这个硬性法规，常常会有新建建筑遮挡了后面住宅的日照，也有不良开发商在日照计算上弄虚作假，从而引发了大量的纠纷和矛盾。这个日照间距真的很公平吗？能使得广大老百姓阳光普照吗？其实那些高楼底层的住户日照永远是少的，何况就是在京城又有多少外来务工人员是住在地下、半地下室呢？这个法规导致的结果是我们住宅基本都是南北向布置，高层住宅之间的楼间距动辄达五六十米甚至更大，虽然这些高层住宅的容积率不低，可是密度却基本只有20%左右，一个个小区将城市划分成了一个个孤岛。柯布西耶倡导的"光辉城市"构想在我们当下的城市中基本实现了，只是还不够完美，也许按照中央政策拆除掉小区的围墙后就堪称完美了。

现代的城市是雄性的，他用满城灯火照亮了自己，所以就不再需要月亮和星星，仰望星空就成了传说。张衡因为小时候喜欢数星星才成为了伟大天文学家，而在雾霾重重的城市偶尔看到蓝天白云都会让人激动不已。孙伏园曾经陪着鲁迅去西安访古，鲁迅觉得"甚至连天空都不一样了"，今年春节去西安，意外的发现雾霾中古城花灯绰约而朦胧，夜色雾霾下的西安越发显得厚重、深沉与古朴，竟然颇有诗赋中长安的气象。

我一直很惊讶范仲淹的想象力而非文采，他在写《岳阳楼记》时根本就没有去过这个地方，竟然妙笔生花，把个岳阳楼写得气象万千神采飞扬，千百年后仍让人心旷神怡向往不已。古人讲究的是"读万卷书，行万里路"，这也是迫不得已的事情，因为印刷成本太高，加上那时也没有报纸、广播、电视、相机、手机和网络，知识获取更多是靠亲躬力行。那时的人们要看见并了解一个建筑似乎只能用脚步去丈量，靠眼看耳闻鼻嗅去体验，靠心灵去感受，而当下大家对一个建筑的了解和认识就容易多了，即使职业建筑师又实地体验了多少经典建筑呢？

建筑师作品集的照片基本都是在房子建成后第一时间拍摄的，专业的摄影师扛着专业的装备，如同狩猎一样在等候着时机——为的就是捕获那一缕神圣的光线，从而使得建筑因为这光影而神采飞扬熠熠生辉，不少建筑似乎就是为了"作品集"才应运而生的，因为相当一部分建筑师内心的"甲方"不是别的什么，正是"作品集"。奇怪的是特别讲究"以人为本""天人合一"的建筑师在拍作品集照片时并不喜欢人的出现，厚厚的作品集中人的数量加起来竟然屈指可数，即使这样拍出来的片子还需要精心挑选和后期处理，如果看着美图秀秀照片相亲不靠谱的话，那用"作品集"照片来了解和体验当下的建筑就更不靠谱。

当下建筑师在设计时很注意建筑的场所感和地域性，其实多数建筑师都易忽略建筑光影所处环境的时间性和季节性变化影响，投在西墙的朝阳和映在东墙的夕阳颜色与浓度是很不一样的，当然春天和秋天的阳光也不一样，杭州的西湖和武汉的东湖差别不仅仅是面积不同，城市中大多数人（当然也包括建筑师）已没有了分辨这些事物的能力与意识，可是他们依靠掌握的知识和理论顽固而自信的讲解着"小麦"和"韭菜"的习性、形状乃至基因有多么的不同。

坐在四季开着空调与昼夜开着灯的现代化写字楼里，落地大玻璃外一切都变得模糊而朦胧，一杯咖啡在手的建筑师优雅的画着草图，他脑海里憧憬着安藤忠雄的风之教堂、光之教堂、水之教堂……万能的上帝能告诉我们光明之路到底在哪里吗？山洞壁上火光映照的影子意义何在？谷崎润一郎在《阴翳礼赞》最后一句话是"姑且先把电灯熄灭看看吧"，在此我还要再加上一句"暂且先把手机放下看看吧"，也许摆脱了臆想的光影我们才能得到涅槃的机会。

第三章　迷途之鹿

青梅煮酒

　　有记者曾问冯小刚，是否会去影院看同行拍的片子，冯答：没有时间去。德国某高校建筑系主任曾问我，你们当下的现代建筑和西方的现代建筑有什么不同？我答：建筑本身没有实质不同，但是生活其中的人区别很大。又问：有什么区别？我答：所有的人都很忙……

　　我们都急急忙忙的在赶路，忙着做自己的事，忙着博取名利，甚至连休闲旅游都是赶场子。做建筑设计的至多就是说说自己做的，我们很少或者基本不在想我们到底在做什么，自己在做的事情到底有什么价值？更不会花什么时间和精力去欣赏、体验和评说同行的作品，如同冯小刚没有时间走进电影院一样。公司的建筑代表作不算多，我在此工作十来年，就是没有看完本公司的代表作，也许去年不要去法国，十来天下来就能看完这些代表作，可是现实就是这样。

　　忙，是心亡，忙久了就健忘，而忘也是心亡，如此一来，横竖都是心死了。建筑都是哑巴，但是哑巴并不意味着没有

197

语言，只是我们忙得听不见了他们的言语。重读《三国演义》，不觉睡着了，恍惚看到两个建筑在"青梅煮酒"，突然手机铃声响起，甲方问能否提前出图，眼前唯余雾霾重重……

鸟巢约国家馆小酌，盘置青梅，一樽煮酒，徐徐而饮。酒至半酣，忽阴云漠漠，骤雨将至。风已满楼，远处新城如蓝藻暴发，鸟巢与国家馆凭栏观之。

鸟巢曰："兄台知建筑形式之奥妙否？"

国家馆曰："未知其详。"

鸟巢曰："形式能大能小，能伸能屈；大则一统天下，小则特立独行；方今人傻钱多，形式乘时变化，或高端大气上档次，或国际时尚小清新。兄台久垄断一方，必知当世建筑之英雄。请试指言之。"

国家馆曰："吾辈肉眼安识英雄？"

鸟巢曰："休得过谦。"

国家馆曰："吾叨恩庇，得益于传统文化。天下英雄，实有未知。"

鸟巢曰："既不识其面，亦闻其名。"

国家馆曰："国家剧院，破壳而出，国之曙光，可为英雄？"

鸟巢笑曰："冢中枯骨，受制于舆论，才疏学浅，皮蛋一枚，吾早晚必笼罩之！"

国家馆曰："CCTV，民之智窗，国之喉舌；今虎踞京城，一呼百应，可为英雄？"

鸟巢笑曰："CCTV扭曲而变态，好谋无断；一家之言，奈何不了小民之口舌，非英雄也。"

国家馆曰："有一建筑名称天子酒店，名扬九州，声誉天下，福禄寿顶天立地，可为英雄？"

鸟巢曰："天子酒店虚名无实，规模不说，地段偏远，叫好不叫座而已。"

国家馆曰："有一人端庄典雅，雄踞陆家嘴，金茂大厦乃英雄也？"

鸟巢曰："虽有稍许文化档次，怎奈左有环球金融，右有上海中心，志虽远大，然身矮气短矣。"

国家馆曰："广州剧院，水落石出，黑白分明，可为英雄乎？"

鸟巢曰："彼虽出名门，然后劲不足，施工粗糙，只可远观，何足为英雄！"

国家馆曰："如秋裤、比基尼、马桶圈等辈皆何如？"

鸟巢拊掌大笑曰："此等碌碌小人，何足挂齿！"

国家馆曰："舍此之外，实不知。"

鸟巢曰："夫英雄者，胸怀大志，腹有良谋，洋装在身心在夷，内心骚动文化衫，唯其如此，方能使崇洋者臣服，崇文者膜拜，大象无形在于大耳。"

国家馆曰："谁能当之？"

鸟巢以手指国家馆，后自指，曰："今天下英雄，唯兄台与巢耳！"

建筑师说

天朝之地产异筑，扭曲而变态；触媒体，尽惊；以示官，无御之者。然得而纳之以为饵，可以获名利，厅堂、楼、馆，起豪宅，建别墅。其始，官人以王命聚之，岁入十万，募有能设计者，当其房贷，国之人争奔走焉。

有蒋氏者，专其职三世矣。问之，则曰："吾祖建筑师，吾父建筑师。今吾嗣为之十二年，几累死数矣。"言之，貌若甚戚者。

余悲之，且曰："若恨之乎？余将告于莅事者，更若业，复学艺，则何如？"

蒋氏大戚，汪然涕曰："君将哀而生之乎？则吾斯业之不幸，未若复他业不幸之甚也。向吾不为斯业，则久已病矣。自吾氏三世居是乡，积于今六十岁矣，而他业之生日蹙，殚其职之出，竭其庐之入，四年而学士，三年而硕士，再博士，入社会，号呼转徙，往往而不得善终。曩与吾祖比者，今其贷十无一还；与吾父比者，今其贷十无二三还；与吾处十二年者，今其贷十无四五还，非奴则隶尔。而吾以设计独存。官商之来吾乡，叫嚣乎东西，拆迁乎南北，哗然而骇者，虽鸡狗不得宁焉。吾恂恂而起，视其图，而吾图尚存，则弛然而卧。谨绘之，时而献焉。退而甘食吾宅之有，以尽吾齿。盖一周之犯通宵三焉；其余，则熙熙而乐。岂若吾邻居之旦旦有是哉！今虽死乎此，比吾邻居之死则已后矣，又安敢恨耶？"

余闻而愈悲。圣贤曰："装饰就是罪恶。"吾尝疑乎是，今以蒋氏观之，犹信。呜呼！孰知装饰之毒有甚于异筑者乎！故为之说，以俟夫观人风者得焉。

后记：余近日翻阅《明代散文选》，却想起了唐代柳宗元的《捕蛇者说》，想想现在设计行业的虚与委蛇，再想想那捕蛇者，可谓异曲同工，柳公已为捕蛇者作传立说，在下不才，就依做设计之"画葫芦"技法对其文略作修改，是为现代版的《建筑师说》。

迷途之鹿

许多年后，面对萧瑟的秋草夕阳，我不由得又想起那个四月天的宁静与喧嚣……那时我才两岁多。仲春时节的早晨，嫩绿的树叶如同玉片，阳光在其间迷离反射，叮当有声，草芽尖儿的水珠闪烁不定，我蹦蹦跳跳的啃着自己喜欢的花草，泉水如同一面镜子，映出了我的大角，我潇洒地甩了甩头，惊起一双栖息的画眉射向树林深处……

我在这个城市打工已快两年，去年老婆也一起随我出来挣钱。谁知老婆才来三个月就受了伤，现在还躺在床上，她营养不良，低血压，干活时眩晕摔倒了。我们租住在市郊的简易板房里，住得简陋了点，可是边上草木茂盛，远处有山有水，现在又逢春暖花开的季节，如果老婆不受伤，简直算得上幸福了。清早，我在屋外的空地上生起蜂窝煤炉，打算为老婆熬点红枣粥补补血，起初的烟雾渐渐散去，我揉了揉涨涩的眼睛……"那是什么？！"我惊得大叫。"是鹿，一只长角的鹿！"同伴听到我的大叫，纷纷跑出屋子。"快，快抓住它，光那头上的角就能卖好多钱！"大家随手抓起干活的铁锹和棍棒，疯叫着冲了过去，我抓起一只扳手也加入了追赶队伍——这可是鹿啊，不说值多少钱，给老婆补补身子也好！

我生活在叫作"自然保护区"的山林里，其实在没有保护区的时候，我们的活动范围更大，水草更美，后来不少同伴及邻居被猎杀。所谓的人类建起铁丝网，划定了所谓的"保护区"。那铁丝网不光带刺，而且还带电，我不小心碰过几次，痛啊！像被荆棘扎过。保护区内还有个野生动物园，不少邻居和一些伙伴被关起来供人类观看玩耍，虽然她们吃喝不愁，但是偶尔使使性子还是要挨呵斥和鞭打。我踩着花草一路溜达，竟然不知不觉走到了保护区的大门口，门竟然大开着！粗心的管理员不知道去哪里了，外面是什么样子呢？出不出去？我正在犹豫，身后突然响起凄厉的哨子声，那是管理员专用的哨子，"抓住她！别让她跑了！"我一惊，撒开蹄子飞奔了出去。

我没想到这鹿这么能跑，也没有想到自己也这么能跑，这跑的可是绝佳补品和一大笔钱啊！起先一起追赶的人也就七八个，大家的叫喊引起了远处其他人的注意，结果越跑人越多，有的人来不及拿东西，随手捡了半块砖头就加入了追赶人群。鹿跑进了市区，现在是上班高峰，后来加入的人群大呼小叫，大多数连鹿的影子都没有看见，因为奔跑的人实在太多了，他们不知道到底发生了什么事情，最后整个城市变得如同过春节一样热闹。

我上气不接下气，没想到外面实在不好玩，为什么人们看到我就眼睛放光？我有那么漂亮吗？他们手里拿的东西太可怕了，分明是要我的命。我迷路了，外面的路我一条也不认识。起初我向人少的地方跑，可是他们怎么都能看到我，后来我索性向房子高人多的地方跑，这样刚看到我的人还没有反应过来，等后面的人追上来，我就跑远了。

市区的红绿灯不再起作用了，本来就拥堵的汽车全趴在路面，黑压压的人群暗流涌动。"出什么事了？"后来的人纷纷打听。"不知道啊，不会是又去抢盐了吧？""不像啊，有的人还拿着棍棒呢！""是啊，还有一个厨师很夸张，拎着一把菜刀！""活不下去了，这年头猪比人贵，也许是讨不到工钱去找老板拼命了吧？"街道两侧高楼上的人纷纷打开窗户探出脑袋张望，不甘寂寞的举拳高唱："哥哥你大胆地往前冲啊，往前冲！莫回呀头……"

我想跑进一所小学喘口气，那里环境还不错，小朋友应该不会对我这么凶吧，可是学校门口都有保安手持钢叉把守，似乎早已预料到我会闯入，校园里传出琅琅的读书声："青青子衿，悠悠我心。但为君故，沈吟至今。……"最初追赶我的人被巨大的人流裹挟着，"抓住它！"的叫喊声已经几乎听不清了，更多的人好像不是要追赶我，他们交头接耳，面露喜色，还有些人在扔石头和酒瓶，街上房子的玻璃被打碎了，还有一个人跳上汽车顶在大声地宣讲着什么。但是还是有人盯紧着我，我不敢松懈的紧跑，前面是一个正在施工的高楼，工地的门大开着，我一头冲了进去。

人们风一样刮进了"枫华府第"小区的施工工地。"狗日的开发商，房价被你们哄抬了多少倍！现在说降就降了？一定要给我们一个说法！""跟他啰唆什么啊！大家动手啊！""对，先砸了再说！"人群发疯了，边上的售楼处转眼被砸得稀巴烂。正在这时有人指着在建的高楼顶上说："快看！楼顶上有一只长着角的鹿！"太阳已经快升到楼顶了，枝丫交错的鹿角被照得闪闪发光，如同火树银花。

我站在十九楼的楼顶，阳光真明媚，我的家在什么地方呢？一会追赶的人跑上来我要不要跳下去呢？我顾不上那么多了，大口地喘着气，呼吸竟然是这么美妙。我在楼上静静地等着，开始下面闹腾极了，远处不时有巨响传来，随后有烟火升起……一天又一天过去了，人们似乎把我忘记了。月朗星稀的夜晚，我悄悄地走下楼，街道黑漆漆的，空无一人，连虫子的叫声都没有，我借着月光飞也似的跑了起来，耳旁的风声呼呼作响，身后只有我细长的影子……

沙尘暴

烟云十六国的形式越来越不妙。

六个烟国人民常常仰天叹息，天空不知从何时起变得雾蒙蒙的，天气好的时候也只看到一轮温吞吞的太阳，月亮的出没与圆缺就更朦胧与神秘了，他们反复回忆怀念着曾经"渔舟唱晚"与"依依墟里烟"的景象。

十个云国的人民则要么戴着口罩，要么裹着围巾，夸张的还戴起了具有空气净化功能的头盔，隔三岔五地沙尘暴让他们英雄气短，儿女情薄。"蓝蓝的天上白云飘"与"风吹草低见牛羊"的情景连海市蜃楼中都不再出现了。

聪明的烟国人民发现了一个划时代的规律，那就是在每年春夏之交的时候他们的国家都会刮几场沙尘暴，这本不稀奇，以前也有，只是现在沙尘暴的时间持续的长了点，频率也多了。稀奇的是在沙尘暴结束后随着一场泥雨的落地，他们的天空变得异常空灵与透彻。烟国领导集合顶尖的科学家经过研究得出了结论——是沙尘暴中的沙尘颗粒把烟国上空中悬浮的汽车尾气与工业油烟黏糊在了一起，随着泥雨降到了地面。烟国领导人把每年最后一场沙尘暴结束后的那个可人天气定为全国人民的狂欢日。在狂欢节日那天，烟国人民都仰望天空，狂呼着——"让沙尘暴来得更猛烈更频繁些吧！"以至于节日过后好多天许多人还保持仰着脖子的姿态说话，只是声音嘶哑得都听不清对方在讲什么……

云国的人民计划着全面退耕还林，植树种草，可是人人都有口，吃饭是个大问题！这时烟国领导派出了专家来和云国协商——烟国可以给云国提供所需的粮食及日常用品，但是云国要大力开发矿藏资源，并且全部卖给烟国。经过烟国的技术专家勘探考察，发现云国贫瘠不毛的地下竟然有惊人的煤、石油和天然气！随着煤、石油和天然气源源不断地被开采挖掘出，云国人民植树种草的计划就搁浅了——因为人人都在忙着赚钱，首先富起来的人就移民去了烟国，那里虽然雾蒙蒙温吞吞的，但是树木和花草还是不少的，何况每年还有狂欢节可过。

烟国领导人为自己的长远计划得以实施暗暗地笑了，他们曾经特别担心云国的退耕还林计划，那样的话沙尘暴刮到烟国的次数和强度就大打折扣了，甚至会消失，那个时候他们烟国岂不是连过狂欢节的机会都没有了？！

起风了，飞沙走石，铺天盖地，连绵不绝。云国人从来没有见过这么大的风，也更没有见过这么大的沙尘暴。风沙很快到了烟国，起初他们满怀着喜悦与期望，憧憬着狂欢节的早日到来。结果一连数日风沙不止，烟国的领导和人民变得很惊慌，三十年不遇、五十年不遇、百年不遇的记录被不断刷新着。最后什么记录都没有了——在持续七七四十九天后，沙尘暴终于停了！云国海拔整体下降了二十米，不复有生物存在，烟国海拔整体抬升了三十米，亦不复有生物存在！

北极国人烟罕至，加上人口稀少，他们互相团结友爱，所以在曾经的烟云十六国中被称作"爱死鸡猫人"。他们一天醒来，惊奇地发现高耸的冰山不见了，海面变得更加辽阔与深远。爱死鸡猫人特别喜欢"拱猪"的游戏，结果他们在"拱猪"中意外的发现在漫漫黄沙下面有许多不同于他们生活的遗迹！这极大地激发了他们"拱猪"的兴趣与劲头！若干年后"拱猪"成了他们的国粹和最大的支柱产业！

书法家

　　王曦和张斌来自天南地北，现在却同住一室，他们毕业后到同一个单位工作，所以凑巧成了室友。工作不紧不慢，闲暇之余王曦唯一的爱好就是练练书法，其实他在初中受伯父影响就养成了这个习惯，只是因为考试约束时断时续。现在八小时外都属于他了，这让他不但对现在的单位很满意，而且对目前的生活也很满意，然而张斌可就不同了，足球、游戏、盗版碟、摇滚乐让业余生活异常丰富。他们一静一动同住一室却相安无事，不同的是张斌常常会抱怨生活真无聊，每每这个时候王曦总是报之一笑。

　　一个周末，倍感无聊的张斌拿起王曦的毛笔随手写了一首李白的《静夜思》，从外面回来的王曦看了大为惊讶——张斌的字很不错！有着和他性格一样的洒脱，于是连连赞叹，说张斌是真人不露相。这让张很不好意思，他最后一次用毛笔应该是在中学了，不过他的钢笔字写的不错是大家一致肯定的，就这样在王曦督促下张斌每周也能坚持练练字。

209

市文联举办了个青年书法家大赛，王曦和张斌都参加了，互相勉励，希望能获得名次。最后的结果让王曦有点尴尬，张斌竟然获得了二等奖，而他却无缘名次，这让张斌也感到很不好意思，他一个劲说那些评委有眼无珠，不过从此张斌就迷上了书法，基本每天都坚持和王曦一起练字。几年下来，张斌在省内、国内各种书法大赛中频频获奖，俨然成了名人，常常要面对记者采访和出镜。张斌不再和王曦住在一起，早已辞职做起了自由职业者，向他求字的人络绎不绝，当然润笔费也不菲。王曦还在原来的单位上班，依旧过着不紧不慢的生活，他的书法也从来没有得过什么奖，索性也不再参与任何比赛。张斌经常去看这个老朋友，为他的怀才不遇而愤愤不平，总觉得他欠了朋友一个还不完的人情，王曦却比张斌还平静，总是报以淡淡一笑。

由于给一家知名房地产公司题写楹联和景观诗词，张斌结识了该公司的大老板，于是他就有了确定身份——万通房地产公司的艺术顾问。这样一来这家房地产公司在报纸、广播、电视等广告宣传中总会大力宣传和介绍张斌，并且说他们开发的楼盘融入了书法意境，居住空间犹如书法布局谋篇一样流动，似断非断；小区景观则更是借鉴书法中的起、承、转、合的笔法，并且小区环境中楹联和景观诗词全部出自著名书法家张斌手笔，总之，住在他们开发的小区里能最大程度体验到书法的意境，领略到传统文化的魅力，孩子从小生活在这样的环境里饱受文化熏陶，可以为将来的人生打下坚实的基础，购房者还可以免费获得书法家张斌的题字。这一时引起全城的大讨论，反对的人说开发商炒作太恶心，但是赞同的人也不少——文化不就是渗透在生活中吗？古人不也是在门楣、门柱和厅堂悬挂字画？争论使得万通房地产公司也更加知名，他们顺势还举办了几届书法大奖赛，获奖者不但有丰厚的奖金还能享受购房优惠政策。

张斌去看王曦的次数越来越少，因为他太忙了，更重要的是他实在受不了王曦那淡淡一笑。他尽管知道王曦对什么都很淡然，可就是这平静和淡然总让他觉得自惭形秽，尤其看到王曦依旧一丝不苟在练书法的样子他胸口就堵得慌。他现在最讨厌那些媒体记者张口闭口称呼他为大书法家，他迷上了赛车，而且迷的发狂，在赛道上听着马达的轰鸣体验着风驰电掣的速度让他觉得满足和舒畅。

张斌对外公布以后不再题字，他力争要做个职业赛车手。结果他以前的字卖的更贵了，求他题字的人也更多了。他打开报纸看到一篇这样的报道："古有书法家王羲之迷恋白鹅，通过研究鹅的凫水使得他的字具有了行云流水般的韵律，终成一代书圣；如今书法家张斌迷恋上了赛车这一人类速度极限运动，相信他以后会把他在极限速度中的体验与感受融入自己的书法，从而赋予书法以时代特点，我们期待他的新作……"他把报纸撕成了两半，随手甩了出去。"去死吧，书法家！"他恶狠狠地吼着……

在城市种小麦的人

（一）

范建最近上厕所花的时间越来越长，这倒不是因为他有便秘的毛病，而是 11 楼厕所窗外的那块空地越来越让他出神——市中心的运河边，竟然有一百多亩的空地！他刚来这个城市时这里还是一个老式的汽轮机厂，没过两三年就停产被拆迁，厂区的道路尚在，路两边还有行道树，难道这些土地就只能等着"种"房子？开发商到底要等多久呢？几个月的风雨下来，这片空地已经是芳草萋萋，在繁华的市中心竟然有人烟罕至的感觉。

"你小子是不是又在做白日梦了？画一辈子图估计只能在这里买一个小房间吧！"李伟弹着烟灰问范建。

"不是的，你误会了，你不觉得这块地就这么闲着太可惜了吗？"

"什么叫空着可惜啊？傻子都知道这块地的价值——五十几轮才拍出的地王，开发商迟早会开发的，至于什么时候开发他们精着呢。"

"你说说看，要是这块地在没有建造房子前种上水稻怎么样？"范建问李伟。

"种水稻？！你的想象力很丰富啊！下一次我们一起投标肯定就中标了，你不会是因为近来大米涨价无米下锅了吧？"李伟大笑。

"你想想看，在市中心有一百多亩的水稻田是多么的诗意和浪漫啊，可以把土地划分为小块，让愿意参与的市民来一起插秧收割，城市里的土地难道就不能种庄稼吗？"

"你觉得开发商会接受这个想法吗？对他们来说这样做的价值何在？"李伟问道。

"这个嘛……当然是需要分析和调研才能知道的，就这块地来说，要种水稻的话改造土壤和施肥等需要一笔钱，插秧和收割可以由志愿者完成。而这里产出呢？一是可以让更多的人注意关心这块地，二是开发商真的这样做了在市内省内乃至国内都可能引起轰动，而这又不是什么负面影响，何况现在许多人和企业只要能出名引起轰动甚至不在乎影响是正面的还是负面的。"

"经你这么一讲似乎有实现的可能，不过我要是开发商可能会选择种蔬菜而不是种水稻，种水稻太麻烦了，如果种蔬菜人们积极性会更大。"李伟建议。

"你的这个建议很好，不过我觉得还是种水稻更有仪式性，就像我们做建筑设计最喜欢讲的形式感，何况这里是江南，又紧靠运河。老谢，说说你的意见，你平常淘了那么多碟，又买了 DV，都准备拍片子了，不要吝啬你的想法啊！"范建盯着后来的同事老谢。

"想法好得一比啊！如果真的能让开发商这样做的话，我就用 DV 来个全程追踪，拍成纪录片，还可以建议甲方组织个 DV 作品大赛，特等奖是一套运河边的房子，那样老夫拼了命也要把特等奖拿下来……"老谢调侃着把烟头弹了出去。

（二）

设计院的工作虽然一如既往的加着班，范建还是抽空写了一个三千多字的策划文案，他对"种水稻"计划从各个方面做了分析论证，但是如何操作他也没有什么头绪，他找到了院里的周总，因为据说周总和拍地的这家开发公司高管很熟。范建把"种水稻"计划简略对周总讲了一遍，并递上了策划文案。

"想法不错，也有点意思，能这样来观察生活和思考问题值得肯定，至于这个想法的实际操作性我认为不大。你想想，那些志愿者来种水稻开始可能还有兴趣，没过十天半个月就放弃了怎么办？再说这么多人在一起活动要组织好也是很困难的事情，万一出点事情谁来负责呢？"

"前一点我想过了，可能中途会有人放弃，不过这也没有关系，可以把放弃人的土地就近并给旁边的志愿者，至于怎么组织和出了事情谁负责我没有多想，这样的活动难道会出什么事情吗？"

周总笑了笑，似乎也不再想辩论下去，这时他桌上的电话响了，范建借机道别。在随后的十多天范建先后给几个朋友打了电话，询问他们有没有资源可以和这家开发公司取得联系，结果每次他都要解释半天，他们开始都认为这样的想法很荒唐，最后基本都表示可以接受他的构想，但是不会接受这样的做法。

范建搜索到了这家开发公司几个部门的电话和电子邮箱，他把自己的策划文案发了电子邮件，然后带上打印的几份策划文案要去"舌战群儒"！他敲了好几个办公室的门，终于找到了位于9楼的前期策划部，接待的主管听他讲了意图，并且浏览了策划文案，表情相当平静，好像这样的想法在他的预料之中，最后他表示很感谢范建对公司的关心和支持，这个策划他们会认真考虑研究，过些天给他答复。

半个月后范建收到这家开发公司策划部发的一封电子邮件，照例先是客套谢，然后表示他们不会采纳这个策划：一是太麻烦，现在他们做正事的人手都不够用；二是他们这块地太成熟了，压根就不需要在做什么宣传和炒作；三是他们不想节外生枝，引起不必要的麻烦。

（三）

范建在厕所待的时间更长了，几个同事也都知道他做了不少努力，也很佩服他的执着，但是他们觉得他应该适可而止，再这样下去是在浪费时间、浪费体力，也在浪费智力，范建调侃说他还年轻有的是时间和力气，智力更是用不完。

他呆呆地望着窗外，突然好像想起了什么，掏出手机翻了翻日历，果然再过几天就是白露，然后就是中秋。前一个节气和后一个节日他再熟悉不过，也最喜欢不过。记得小时候白露过了就可以吃核桃，在白露前后青皮的核桃纷纷炸开了皮，中秋到了就可以吃月饼，在中秋前后枣子也已成熟，那时老家就开始了小麦的播种。如今他已经有十几个年头没见过长在田野里带着麦穗的小麦——大学寒暑假回家，麦子要么已经收割脱粒，要么就蛰伏在积雪下，工作后见的就更少了，也就春节回老家待几天。工作这些年来他先后去了国内外不少地方（基本都是公司组织的集体活动），可就是没有机会再走到麦子地里。他是那么渴望能在这里种种水稻或者小麦，就是自己种不了，看看别人种的感觉也不错啊，可惜这些都只能幻想一下，在公司表现好点争取去美国旅游都比这容易实现一些。难道这就是城市？这就是城市的生活？

范建没有放弃自己的希望，他去市郊的农业商店买了一大袋小麦种子，现在他终于明白求人不如求自己。城市的夜晚基本看不到星星也看不到月亮，星星太小了而且黯淡模糊，月亮不小可是城市的灯太多了，天空多一个月亮和多一盏灯的区别又有多大呢？在中秋节的晚上，他背着一大包小麦种子出发了。他沿运河岸边来到了市中心的这块地，从施工围挡的缝隙挤了进去。一百多亩地，从办公的11楼看下来还不算太大，但是等他第一次从地面进到这块地的时候才发现这块地真大啊，都说只有脚踏实地的人才有力量，可是脚踏实地的人为什么更多的时候显得自己很渺小呢？

在这个灯火辉煌车水马龙人头攒动的市中心，这里算得上是寂静与空旷了。他抬头不但看到了一轮满月，竟然还看到了几颗星星，因为这块地上基本没有灯光只有黑暗，这反而让他看见了月亮和星星。他伸手抓了一大把小麦种子撒了出去，感觉好极了，他想起了小时候和父亲在中秋前后几天在田地里撒化肥的情景，他还想起了凡·高的《播种者》……今夜，月朗星稀，他真的成了播种者，而且把带着希望的种子撒在了城市中心！

范建觉得播种需要有一定的面积，否则麦苗长出来只有稀稀拉拉的一小片，那样感觉太不像麦田了，真正的麦田应该有一定的面积甚至厚实的体积。于是他又去买了好几次小麦种子，以后好些天晚饭后他就成了"播种者"。

麦子撒下大半多月后，按范建的经验推算应该看到麦芽了，而且远看应该是淡淡的一层嫩绿，可惜他什么都没看到。午饭后他去这块地查看究竟是怎么回事，难道城市的土地已经贫瘠到不能让小麦种子发芽了？他终于明白了原因——撒完种子没有翻过地（当然他也不可能翻这里的地），小麦种子浮在土上发芽的几率很小，而浮在地面的小麦却成了一些鸟的绝好粮食，他在这块空地上发现了一大群鸟在低头觅食。

这么大一块空地，远比待在城市行道树上舒服多了，何况地上还有这么多吃的，这些鸟见有人来了，跳跃起飞，又在不远处落下来继续觅食……这让范建感动不已，看来不光他关注着这块空地，原来还有这么多的朋友也关注着，这块地虽说贫瘠但作为鸟类的歇脚地也不错！从那天起他每天午饭后都会背上一包小麦种子出去，没有多久这里就来了更多的鸟……

（四）

大量鸟的到来让范建觉得惊喜的同时，也引起了附近住户和写字楼上办公人员的注意，这其中就包括范建的同事，他们每天都要几次出入厕所，而厕所的窗户正好俯视着这块地。引起注意的还有这块土地的拥有者——开发商，甚至嗅觉敏锐的记者已经来拍了照片，并在城市晚报上做了专题报道。

开发商沉寂了一段时间后，突然拉来了很多媒体，有电视台，有报社，还有几个大学教授，他们就这里的鸟作了分析研究和探讨。首先要弄明白为什么会有这么多的鸟会来这里，经过分析论证得出的结论是：这几年城市建设搞上去了，不光经济有了长足发展，环境治理和美化也取得了骄人成绩，现在运河的水比以前清澈，城市的绿化覆盖率连续五年都以 0.5% 的速度递增。

接下去专家学者又分析了这些鸟的种类和名字，他们考证出这是一种叫红缳的鸟，虽说赶不上朱缳那么珍贵有名，但是也属于省级保护种类，而且这鸟的得名还来自一个浪漫的传说：宋朝一位名叫红缳的千金小姐，她爱上了一个穷书生，并且以

218

身相许，后来穷书生历经千辛万苦中了状元，及至他载誉归来，小姐却相思成疾而故去，据说小姐死后化作了一只会歌唱的鸟，陪伴在书生的书房窗外，后人便用小姐的名字来命名它，这鸟象征着对爱情的忠贞与专一。最后专家重点阐述了鸟与土地、鸟与人及生态的关系，并且开发商承诺在施工过程中做到尽量不影响鸟的生活，还有楼盘建成后要把这鸟纳入小区自然环境和人文环境中，并且要和小区的居民生活融为一体。开发商还介绍说他们根据这个实际情况已经调整修改了原来的设计方案，专门为这些鸟设计了一片树林——取名为"鸟语林"，而且还设计了一个人与鸟和谐共处的广场——"红缳广场"，他们最后想营造的就是一个鸟与鸟，人与鸟，人与人以及各生物和谐共处的乐土……

当天晚上电视台对开发商举办的活动进行了专题报道，将报道题目命名为"鸟与乐土"，在长达半个多小时的报道中，观众打来的互动热线持续不断，短信微信发来的评论竟多达48571条！第二天各大媒体和报纸又进行了转载和跟踪报道。人们很认同专家学者分析研究的结果，并且为开发商的举措而感动。更想不到的是这件事一发不可收拾，众多好事者闻讯赶到了这块乐土，他们支起了三脚架，端起了 DV，还有人竟然撑起了遮阳伞和画架……

开发商对用地做了简单规划，分了遛鸟区、亲子互动区、太极拳养生区，当然他们还准备了大包大包的高档鸟食，免费发给家长带来的小朋友，让他们近距离切身感受人与鸟、人与自然对话交流的魅力。冬天到了，来这里的鸟就更多了，而且一只只都被市民喂得圆滚滚的，怎么看都与"红缥"小姐无关。

电视台和报纸索性针对这些活动开设了专栏，《人与鸟》已经成了这个城市妇孺皆知的栏目，不少市民还因为参与节目而走进了镜头，并且上了电视。开发商最后把自己的楼盘取名为"鸟的天堂"，并且组织学者创办了《天堂》杂志，还组织了以人和鸟为主题的若干次征文比赛（原来计划只举办一次，可是市民参与的积极性和持续性大大超出了他们的预料）。

开发商计划花大成本要拍一部题为《天堂》的纪录片，现在已经到处在物色适合的知名导演，他们计划把目前这些活动、楼盘建造以及最后投入使用的情景拍成纪录片。他们已经在《人与鸟》栏目上向全体市民发布了征集演员的通知，选拔上的演员不仅仅可以展现自己的演艺才华，如果将来在本小区买房的话还会有 8.5 折优惠，这样还可以为未来的住户记录下一起参与建设美好家园的全过程。即使选拔不上的人也不用气馁，还可以做群众演员，要买房也有适当优惠。开发商最后很有信心的表态——本小区建设的目标是拿到联合国最佳人居金牌奖，并且《天堂》要角逐本年度戛纳电影节的最佳纪录片和最佳外语片奖项……

（五）

11 楼厕所的窗户曾经是范建的最爱，这里朝西，可以俯瞰夕阳下的空地与行道树，大运河的水熔金一般缓缓东去，可是现在他上厕所都是去办公楼的裙房，他再也不想看到窗外"天堂"的景象。一想到那些越来越丰满越来越善解人意的"红鹦"，他心如刀割，便秘也越来越严重，医生说便秘残留腹内的毒气危害胜过吸烟。吃不到东西的人当然会饥饿甚至很难受，但那是怀有希望的难受，一旦有了食物那将是美妙享受的开始，而有货拉不出还会有什么希望呢？据说人类极有可能因为便秘而灭绝，而不是之前预计的饥饿，曾经花天酒地已经彻底把胃毁掉了，可是一次吃的再少，最后也会积少成多，最后还是会便秘，而且每次便秘的时间越来越长，每当在马桶上痛不欲生的时候他都在想这会不会就是最后一次？他感觉自己应该就是因为便秘而灭绝的第一个人。

在不久于人世之前他伤心极了，因为他觉得是他的天真和无知害了那些鸟，让它们像道具一样的活着，而且还上了暴饮暴食的生活，他担心这些可怜又无辜的鸟总有一天也会像人一样患上便秘。想到这里范建把早已准备好的东西拿了出来，他从容地戴上了橡胶手套，把一大包小麦种子倒在了浴缸里，接着又撕开了一包画有骷髅的农药。他开始了轻轻地搅拌，浓烈的刺鼻气味竟然让他掉下了几滴眼泪，但这眼泪很快就和浴缸里的农药还有小麦种子混在了一起……

抓阄

（一）

"你又抓阄了？瞧你那一脸的衰相！"指北针问他的女朋友冯晓奕。

"指北针"是郑洞天的外号，他大学毕业四年了，现在从事建筑设计工作。参加工作不久，他画第一套施工图时一不小心在每张图纸上都放了一个比例失调的指北针，那指北针又大又傻，一个接一个的。

校对的项目负责人看着这触目惊心的指北针皱了皱眉头，开玩笑地对他说："你是不是怕找不到北啊？"后来同事半开玩笑说他脸圆圆的，加上高高的鼻梁，整个感觉有点像指北针，于是他就有了"指北针"的外号。现在公司几乎没有人再叫他名字，后来的同事甚至都不知道他真实的姓名。郑洞天倒是很喜欢这个外号，自嘲的解释："这样不会把自己迷失掉，挺好！"

"咦……这都让你看出来了？" 冯晓奕撇撇嘴，又吐了下舌头。她的确是在回家路上对了一下前几天买的彩票号码，当然又是失望。

"社会浮躁都是让你们这些人弄的，天天白日梦似的想着中 500 万！那几率比走桃花运可要小太多了……哎哟，下手轻点，不是说好可以允许拳打脚踢，就是不能连掐带拧嘛……"

"对你这号皮糙肉厚的只能采用局部打击了！"

"好，好！我错了还不行吗？说真的，如果中了 500 万可不能忘记我啊……"

"切！瞧你这点出息，我是那样的人吗？可鬼才知道什么时候能中 500 万啊……"

指北针管买彩票叫抓阄，他其实很鄙视公司那些做白日梦的人。有几个同事像瘾君子似的每周都买几张彩票，梦想着一夜暴富，他们的口头禅是——上午中奖了下午就炒公司鱿鱼，可是几年来公司的同事来来去去，没有一个是因为暴富离开的，倒是有几个被公司炒了鱿鱼。

他自己从来不买什么彩票，可他管得了自己却管不了女朋友，好在女朋友平均每周也就花个 10 块左右碰碰运气，运气最好的时候中过 100 元。那个激动劲可就甭提了，说是要请客，还拉了两个朋友作陪，结果吃吃喝喝花去近两百块，最后当然是指北针埋单走人。

没有办法啊，人在低处走哪有不湿鞋的？何况学服装设计的女友在找工作时顶住了种种压力和诱惑来到他工作的城市，就冲着这点还有什么好说的呢。

他是在大五（建筑学专业要读五年）快毕业离校时偶然的机会认识还在读大二的冯晓奕，当时也是有一搭没一搭地聊了几次天，后来天各一方，更多的时候是发发邮件，在 QQ 上要要贫嘴。后来温度升级，冯晓奕大三暑假去了指北针工作的城市，到处走了走，玩得很开心，最后表示很满意这里的环境，还表示工作时可以考虑来这里。

有天晚饭指北针约了几个狐朋狗友，隆重推出一袭长裙的女友。那天说好准备一醉方休的，结果最后酒却没喝多少，这几个狐朋狗友一向都是很能喝的，结果那天却一反常态，很斯文的每人只喝瓶啤酒。事后他们一再叮嘱指北针可要把握好机会啊，不要因酒乱性，他们不是不想多喝，主要是见了美女流的口水太多了……"滚远点！一群色魔！不要把我想的和你们一样……"不过他心里却是甜蜜蜜的。

（二）

指北针的工作刚刚走上正轨，年初被批准可以做"专业负责人"，这让他本已对工作有点厌倦的情绪又高涨了起来，常常为了赶着出图三更半夜才回来，偶尔来个通宵也很正常，每当这个时候他就给冯晓奕做思想工作。

"刚毕业千万不要浮躁，志向可以远大，但是做事一定要从毫末入手，积累到一定时候机会多得是，银子也多得是，本人就是活生生的例子啊……" 指北针现在很怕女友的神经质，她在短短两个多月就换了三个公司，自信心也受到了很大的打击。很好的公司连面试的机会都没有，有机会面试的公司常常双方都不看好，勉强能去试用的公司都先后吹了，现在新找的这家公司叫"云莎服饰有限公司"，刚刚成立，冯晓奕目前还算满意吧。

"拿你说事就算了吧，我也没有想怎么样啊！TMD 的，随便哪个公司都要工作经验，至少也要两年的，否则连正眼都不看一眼。谁没有第一次啊，为什么处女就那么值钱？工作起来非要老了才好用？"

"过分了啊！注意淑女形象。你说脏话时的面目很狰狞你知道吗？"

"可这是事实啊……" 冯晓奕觉得自己话是说过头了，脸有点红了，习惯性的吐了吐舌头。

"看看，属狗的本性又露出来了吧……哎哟，只许拳打脚踢，不许连掐带拧啊！"这回该轮到指北针面目狰狞了。

他们住的地方距离冯晓奕工作的地方很远，离指北针公司却很近，因为指北针是几年前就来这个城市的，当时租房当然只考虑自己的方便。为此指北针感觉很过意不去，曾经多次表示可以换个房子离冯晓奕工作的地方近一些，可是都让她给拒绝了，理由是目前指北针同样的时间创造的价值远比她冯晓奕要大，而且指北针要经常加班，住得远很不方便，算算晚上加班打车费都很吓人，再说她现在的工作一切都是变数，谁知道在现在这个公司还能做多久呢。对于这些分析

225

指北针很佩服，谁还敢说女人头发长见识短？！冯晓奕的秀发可不短啊。

在他们日常谈话中指北针知道女友的公司主办公楼有四层，还有个小院子，主入口一侧还车水马龙的，另一侧就是稻田了。还有老板是安徽来的，很有头脑，开始在老家开服装加工厂，后来到现在这个城市先是和别人合伙开公司，等摸熟了行情有了自己的客户群就开始单干了，老家那个工厂还继续开着，并能为现在的公司输送低成本的熟练工。就是老板有点抠，四层的办公楼本来装了电梯，但是为了省电和维护费，只有运货才可以使用，平常规定员工只能走楼梯，有人违规的话一次罚款 50 元。指北针听了这些就赶紧解释，外面有稻田多好，既安静空气又好，哪像市中心整天又吵又闹的；不允许坐电梯那更好，你在三楼上班，平常上上下下的正好可以健身，据专家说每天累计爬楼 18 层既可锻炼小腿肌肉，还能瘦腰呢……

"又是什么狗屁专家！是不是砖头的砖啊，他们不是还在说因为每年毕业的女大学生人数越来越多，然后又要结婚又要生小孩，这样未来 20 年房价都要继续涨下去。真 TMD 的无耻，似乎全国的房价暴涨是我们造成的！实际情况是我们快连房租都交不起了……你也不用再解释，你又不是老板，我也没有说要跳槽啊，看把你急的……"

"过分了啊！请注意淑女形象……"

在谈话中指北针知道了女友的公司中 80% 以上都是女性，

而且基本都是 25 岁以下的，看到指北针眼睛放光。女友还会补充："美女可不少啊，要不要我给你介绍介绍？" "哪里，哪里……" "谅你也不敢！" 冯晓奕说着又使出了连掐带拧的招牌动作，指北针吓得赶紧跳开了。

指北针从女友的介绍中还知道了她们样衣工里面有一个叫刘迎娣的安徽同事，一是名字很有传统特色，二是这个刘迎娣生活的节俭令别的同事刮目，衣服洗得发白了还在穿，她家里还有一个妹妹和弟弟，她中专毕业不到 17 岁就开始工作了。

让指北针不爽的是冯晓奕谈话中"小丁"的出现频率越来越高，因为"小丁"是冯的顶头上司，也是她们公司的设计总监。在女友的描述中"小丁"年龄应该和自己差不多，打扮的好像很时尚，留着长发，并且染了黄色，很有设计天赋，公司中有几个女生都对他在放电呢。"草图线条那个叫漂亮哟！"几乎成了冯晓奕的口头禅。

"这有什么了不起的？整天和一群女人混在一起能有什么出息？我和他比怎么样？" 指北针悻悻地问。

"和你？简直没法比啊！" 冯晓奕想都没想地说。

"难道他是天才还是长得像刘德华啊？！" 指北针心里还是咯噔了一下。

"……你想哪里去了？你是做建筑设计的，他是做服装设计的，你们怎么比呢？你一直说这两个行业原理很像，但是有可比性吗？"

"我说嘛……这还差不多。"

"你刚才说什么和一群女人在一起……你说说谁都是女人啊？！"

"哎哟，你好卑鄙啊，不是一直在用连掐带拧吗？怎么突然换成鸳鸯腿了……"指北针揉着自己的屁股。

"这叫兵不厌诈，你跳得那么快我不采用远距离打击能够得着吗？"

（三）

近来冯晓奕工作特别卖力。周末基本都泡在外文书店，一翻原版书就是好几个小时——太贵了根本买不起的，再就是在电脑前一坐几个小时的上网查资料，设计的服装样稿也是一改再改。这让指北针还真有点心疼，他现在终于明白千万不要和女强人较劲的真理了，现在来看女生发起狠也千万不要去惹。

指北针有时加班夜里一两点回来，在楼下就看到女友房间的灯还亮着；不加班时半夜起来上厕所发现女友还在灯下画草图，他像梦游似的嘟囔一句，又哈欠连天地摇着头去睡了。有付出总有收获，现在冯晓奕说话自信多了，因为她画的稿子被"小丁"修改的地方越来越少，采用的却越来越多，还有几款已经批量在加工了。公司的业务也是全面开花，不仅在这个城市站住了脚，还在山东、江西都开辟了新的市场。

只是冯晓奕近来抱怨越来越多，因为公司已经接近三个月没发工资。她整天拉着脸，加上前一段工作的卖力，原来的鹅蛋脸已经变成了瓜子脸。指北针就一个劲给她打气："不就是钱吗？咱们现在也不缺钱花啊，只要有我在还怕饿着你吗？你不是说你们老板只是暂时资金周转有问题吗，他不是已经在想办法融资吗？再说你们80多名员工都没有发工资，又不是你一个没有发，你才刚上班本来工资也不多，所以你怕什么呀！"

"……话虽没错，可是我怎么就这么倒霉啊，现在公司已经有好几个人辞职了！连小丁都开始在找工作……"

国庆假期指北针和冯晓奕就近去了黄山，上山看雪松云雾日出，再坐索道下山，然后又去山下的宏村、西递等古村落玩了几天。看到《卧虎藏龙》拍摄的外景，冯晓奕激动的又跳又蹦的，对指北针比画着又是一套鸳鸯腿……

假期归来，指北针又开始了繁忙的工作，除了要对付两个正在施工的项目，他还要参加公司刚接的厦门火车站的投标项目，这可是大项目啊，中标的话那可是影响深远，直接的收入不去说了，想想能接触和学习的东西就让参与的人兴奋不已，但这意味着近两个月要常常加班了。

这天晚上加班回来还不算太晚，不过也有10点多了。走到楼下指北针才发现窗户是黑的。"怎么回事啊？这么晚了，难道人还没有回来？那也应该打个电话告诉我啊……或者这么早就睡觉了？"

他敲了敲门，没有人应答。钥匙旋转，打开餐厅的灯，再打开卧室的灯。

"妈呀！"指北针吓得大叫了一声。"你这是在诈尸啊？！不开灯也不作声，傻坐在床上玩什么游戏啊？"

冯晓奕依旧没有作声，指北针凑上前去才看到她泪流满面，床头地上到处都是卫生纸。

"怎么回事啊？家里进小偷了？谁欺负你了？姑奶奶你说话啊……" 指北针使劲地摇着冯晓奕的肩膀，心都快蹦出来了，这回他是彻底找不到北了。

"我们公司破产了，TMD老板融资没有成功，现在人也逃跑了，我们公司明天就被法院查封了……"

"哦，这样啊！你可差点吓死我了，我还以为是什么大事呢……"

"这还不是大事吗？你要我死了才是大事吗？！"

"是大事，天大的事情，好我的姑奶奶你小声点，现在已经快是下半夜了……"

（四）

接下去冯晓奕先是在家勉强休息了半个月，算算被拖欠的三个月工资有8100多块。她在家不停地给原来同事打电话询问公司情况，再就是给在网上找的公司打电话询问招聘情况。快一个月的时候她意外地联系上了一家外资公司，去面试了后得到可以试用的答复，这才让她脸上的阴云密布转为了白天红霞。

在这中途她还回了趟原公司，是法院召集她们一起回去的，查明了公司目前情况以及拖欠员工工资的数目，并且说已经联系了一家拍卖公司，委托他们对原"云莎服饰有限公司"查封的物资进行估价，然后公开拍卖，拍卖所得首先发放拖欠的员工工资。

这也算是个好消息，她们公司一共拖欠了员工工资300多万，初步估计拍卖的钱发还她们的工资应该没有大问题，因为光是她们仓库查封的衣服就有近6万件，有的还是上好的布料做的，当然也有很廉价的款式。

冯晓奕是昨天接到法院的开庭宣判通知书，定于三天后开庭宣判她们公司的案子，并且当庭发放拖欠的工资。这让冯晓奕既高兴又为难，高兴的是这件事终于有了个了结，为难的是她那天正好要陪部门经理去出差，而且还是个重要的差事，现在自己才试用了一个月，提出请假显然很不合适，更重要的是她怕这样的事情被现在的同事知道会耻笑。于是她打电话咨询法官能不能找人代理，得到了肯定的答复她才长出了一口气。

指北针当仁不让的作为冯晓奕的代理人去了法庭，那个法庭竟然就在冯晓奕原来公司相距几百米远的地方。他是转了两次公交车又步行了快10分钟才找到了法院。

周围已经很荒凉了，这就是女友曾经上班的地方啊，看来每天上下班的确是不容易。指北针住的近，几年来上下班都是步行的，今天才是第一次在上班高峰去挤公交车，这让

231

他确切地感受到了什么是"高峰"。

冯晓奕原公司的人陆续到了法院大门口的广场上，指北针在人群中一眼就认出了"小丁"，尽管从来没有见过面，甚至连照片也没见过，但是看到那位留着披肩黄头发男生，不用问一定就是他了！平心而论气质还是不错的，长发下的脸也很有线条感，眼光却显得很迷离。

这些曾经的同事转眼分离已经快两个月了，曾经在一起的忙碌、欢乐、猜忌、嫉妒甚至背后诽谤现在都显得那么遥远与珍贵，大家亲热地打着招呼，询问着近来的工作生活情况。只有指北针像旁观者一样注视着他们，本来他也只是个代理人，这些人他一个都不认识。他从他们的谈话中了解到这些人大多数已经找好了新公司开始工作了；还有两个人不想工作了在复习准备考研，并打算以后要以教师为职业；也有一两个年龄大的女的说是准备在家相夫教子，出来工作太不值了；还有一个女生说她是从安徽老家特意赶来的，她回老家了，在城市工作生活太没有安全感……指北针判断这应该就是传说中的刘迎娣，果然衣着极其朴素。在她们聊天间隙指北针还真发现里面是有好几个美女的，看来冯晓奕所言不虚啊。

上午10点整法院正式开庭，只差一个人没有来，打电话委托别人代理。大家以为签字拿钱就可以走人了，谁知年轻的法官告诉大家之前组织的拍卖流拍了，所以现在只能把公司查封的东西按估价分给大家。沉寂的法庭一下子犹如烧开的油锅里掉进了水珠，又是沸腾又是炸响。

"不是讲好拍卖了分钱的吗？东西怎么分啊？！"

"我们又不开公司，办公用品和缝纫机对我们有什么用？"

"还有那么多的衣服，分给我们是穿呢还是开服装店啊？"

"…………"

法官费了好大劲才让大家安静了下来。他解释说："原来是说好把你们公司查封的物品估价拍卖，可是你们的办公用品太专业，拍不出什么价，另外最重要的是你们那6万多件衣服已经过时也过季了，更是拍不上去价。怎么办呢？是接着再拍卖呢还是大家商量个办法把东西按估价分了，当然拍卖的话能拍多少钱现在谁也说不上来，我劝你们还是再好好协商一下，看看怎么做才能把损失减少到最小。当然我本人十分同情你们的不幸遭遇……"

大家七嘴八舌的讨论了近半个小时，最后决定还是按估价来分配物品，与其让拍卖公司宰割还不如自己来处理甘心。在法官的协助下大家采取了"抓阄"的办法来分配物品。

具体操作是每个人先抓一个号码，然后根据号码先后顺序来挑选要分配的东西，号码靠前的可以按自己拖欠的工资多少优先挑选东西，当然东西都是事先估好了价的。这样的方案也不是每个人都同意，有几个人坚决反对，说这是在拿自己的血汗钱赌博，可是不"赌博"又有什么好办法。那个叫刘迎娣显得很紧张，脸都白了。最后大家举手表决——大

233

多数人同意"抓阄"。

从来连彩票都不买的指北针觉得这一切很荒唐，简直就是在演戏，可这是在舞台上吗？他也没有办法，第一次当演员的他显得也很紧张，在抓号码时他的手都有点哆嗦了，慢慢展开揉起的纸团他才松了一口气——号码是6！在八十几个号中他算是很不错的了，可是这些物品中什么最保值，什么又最好处理变成钱他一点都不知道，他本来想打电话问问冯晓奕，想了想还是放弃了，估计她更是一问三不知。他想就看看前面那几位到时候选什么东西吧，和他们选一样的或者接近的就是了，毕竟他们更了解自己公司什么东西最值钱。

分东西安排在下午一点半，抓阄完毕已经是12点了。周围的小饭店基本都是附近农民开的，有好几家都在卖"麻辣烫"。冯晓奕应该在这里吃过很多次"麻辣烫"，她那段总抱怨公司午饭又难吃又死贵，她们经常在公司外面的街上吃"麻辣烫"，看来就是这个地方。吃午饭的时候指北针有意坐到了"小丁"对面，并且和小丁聊了一会。

"你是小丁吧？"

"你是……？"

"我是冯晓奕的男朋友……"

"哦，那你就是传说中的指北针了！"

"你知道我？！"

"当然知道，冯晓奕在公司可没少说你啊。怎么今天你来代理了？"

"哦！晓奕她正好赶上出差，请假不太方便，所以我就过来了。"

"哦……你的手气不错啊，好像抽到了6号，我可差远了，抽到28号。"

"唉，全是瞎碰了。现在这样的结果其实对大家都不好啊！"

"是的，要怪也许只能怪自己运气不好，当初就不应该来这个公司，可是谁又能保证自己现在选的公司就永远是好的呢……听冯晓奕说你们行业情况很好啊！"

"马马虎虎，过得去吧。就是要常常加班，甚至通宵加班，太累了。"

"有机会累也是好事情啊，何况你们收入比我们高多了。我们也是累死累活的，最后也就勉强度日……"

吃过饭大家陆续步行到了原来的公司。大铁门的封条已经撕掉了，院子里杂草丛生，加上已是初冬，枝枯叶黄，四层的办公楼空空荡荡，感觉比实际要大许多，靠院子外墙根处的浅黄色涂料已经斑驳脱落。

指北针切身地感受到了什么叫人去楼空。他上到三楼找到305室，这里是冯晓奕曾经工作的地方，门上还贴着封条，透过厚厚积灰的窗户玻璃上他搜索着女友的座位，应该是右起第二个窗户边的那个，因为冯晓奕刚上班时曾站在这儿照了一张相片，那时天气还热，她穿着鹅黄色的连衣裙。现在办公室里面乱七八糟的，地上到处是散落的文件纸张。上楼路过电梯时指北针笑了，也难怪她们老板不让员工坐电梯，这哪是什么电梯啊！用指北针的专业眼光看应该是3吨以上的货梯，门都是四扇开的，这样的货梯当客梯用那多浪费啊，经常使用的话维护费用当然高了，他在想女孩子什么时候才能不那么天真现实一点呢？

法官拿着物品清单开始分配。前面五个人基本没有选衣服，他们选的东西以空调为主，还有些办公用品。其中一个人选的都是缝纫机，他解释说拖欠他的工资基本是两万多元，可以选八台七成新的缝纫机，如果去市场买新的勉强才能买三台，他准备把这些缝纫机运回老家，在当地办个小型服装加工厂。大家都说你以后真的当老板了应该感谢老李（他们原来公司的老板）。一说到老李，有人就惋惜，说其实他对大家还不错，可惜就是公司规模扩张太快，管理跟不上，再加上周转资金失灵，一个公司就这么一下子完了，他大半辈子的心血也化为了乌有……

"冯晓奕！拖欠工资8100块，可以选自己想要的物品了。"法官按顺序读道。

指北针在前面五位挑选的过程就想好了，所以他选的很快：两台挂式空调、一台立式空调、一个文件柜、一张办公桌、三把椅子。

他是这样打算的，租的房子里还没有空调，也没有像样的书架和桌子，这样自己先用掉一个空调，又有了书架和桌椅，只要处理了另外两台空调就可以了，这样想想应该很合算，也最大的减少了不必要的麻烦和损失。分到了东西需要拆卸再搬运回住的地方，指北针跑下楼才发现院子里已经来了不少消息灵通的商贩。开始分到东西的那几个人已经在和他们"谈判了"。

"再加点吧，法院一台挂式空调是按 1500 估价给我们折算工资的，你才出 1100，实在太少了，我们已经够倒霉的了。你看看，空调就在二楼第三个窗户下，才用了三个多月，还是格力牌的呢。"

"最多 1200，再多一分都不行了，你算算找人拆个空调就要 100，安装一下又是 100，用过三个月也是用过了，二手的只能是二手的价哦！"

听到这指北针也没有了脾气，原来还指望空调保本呢。最后他把两台空调处理了，磨了半天嘴皮子还是损失了 500 块，庆幸的是另一台自己用就减少了损失。再就是找运货的小卡车，几个司机都说起步价至少 100，谈了半天也谈不拢，指北针索性跑到较远的地方去找了一辆车，60 元就搞定了，他心里在暗暗地骂：丫的不得好死，这他妈的分明是在趁火打劫。

后面的人分到的东西挑选的余地越来越小，基本都是衣服了。有人闹情绪开始砸办公楼上的玻璃，还有一个人用圆珠笔狠狠地戳着分到的地球仪嘴里在骂着："这他妈的什么世道，这破玩意是按 60 元折算给老子的，现在小贩最多只给 20 元！"他把地球仪戳着转的飞快，"砰"的一声地球仪掉在了地板上，他还不解气，冲上去就用脚踩，踩的兴奋了竟然唱了起来:"我把地球——踩到脚下……"有同事调侃他:"不要得意忘形了,现在我们他妈的已经是皮球了,让人踢来踢去,早就被人踩在脚下了!"

分到衣服的人更惨,多的一个人就分了几百件。一大包一大包的,堆起来像小山,小商贩对衣服开价更低。

"求求你了大叔,你看看我们这些衣服都是精心设计的,用的面料也很好。您就再多加点钱吧,现在给的价是法院给我们估价的6折啊!我家里还有读书的弟弟妹妹,父母都在种地……求求您了!" 刘迎娣脸色越发苍白,眼泪在眼眶直打着转转。

"这可不是我们心狠啊,你们这些衣服本来的确不算差,可是已经过季了,不可能再放到档次高的商店去卖吧?如果在地摊卖呢?款式和面料又显得不合适——不是针对那些人群开发的。你们是专业做服装的,你们应该知道过季的衣服值什么价,某种程度上比上了年龄的女人都贬值的快啊,呵呵……"

"我可怎么办?这么多衣服光搬运费就要不少钱,又要往什么地方运呢……" 刘迎娣已经双手捂着脸在哭了。

大家把东西搬的搬卖的卖都处理的差不多的时候,天已经是黄昏了。突然办公楼后面传来了一声沉闷的巨响。

"不好了!出事了!刘迎娣跳楼了!"有人大声地喊叫。

大家一下子都愣住了,那些小商贩也傻了……

"快打110啊!"有人终于清醒了过来,还有人给省电视台的"6868黄金眼"打了电话，这个节目经常报道城市中类似突发事件，指北针也经常看这个节目，现在新闻发生在了自己的眼前，才感觉新闻有时候离自己是这样近，近的连脑子转弯的距离都没有。救护车、新闻采访车先后呼啸而至，又先后绝尘而去……

（五）

等把拆卸的东西运到住处时天已经黑了，路上指北针已经给同事小赵和小杨打了电话，让他们下班到自己住处帮忙搬一下东西。

等指北针把文件柜折腾上三楼才发现柜子已经全散架了，靠墙立着都摇摇晃晃的，放书的可能性几乎没有了，修一修只能放放衣服。那张组合办公桌量了一下尺寸，房间根本就放不下，指北针索性就把桌子又装上了车，抵了60元的车费送给了司机。倒是三张椅子很好用，黑色的人造皮革手感还不错，其中一把还是高靠背带旋转的老板椅。

小赵和小杨看了这架势说："哥啊，你要开公司了吗？现在就在家里开始找感觉啊！"

"找他妈个头，老子是被逼上梁山了！"

第二天一下班指北针就找了空调安装人员把那台空调装了上去，果然又花了100块，但是不管怎么说，这事情总算有了了结。他整理了一下房间，把地面拖了一遍，然后满意地点了点头，这才拿了本书就坐上了老板椅——感觉还真不

239

赖，难怪每个公司不管大小好坏，老板办公室一定要有一把像样的老板椅。这时冯晓奕出差回来了，指北针故意把椅子旋转的背对着门。

"咦！人呢？灯不是亮着吗……哪来的这么几把椅子啊？指北针——指北针——"

指北针猛地转动椅子，一下子面对着了冯晓奕，刚才憋得脸都红了，这才放声"哈哈"大笑。就这一下子吓得冯晓奕"妈呀！"一声转身就往房门口跑，等她跑到门口了才又好像想起了什么，慢慢地回过头，看到椅子上坐的竟然是指北针！她又猛地冲了回来，这次可是全套招数都用上了，拳打脚踢外加连掐带拧，好在这椅子可以旋转，指北针抱着脑袋也顾不了北了，在椅子里像个陀螺似的旋转着。这样一来冯晓奕拳脚有不少就落在了椅子上，否则指北针后果不堪设想。

打累了，冯晓奕又好像突然想起什么，突然问："快说呀！家里这些东西都是怎么回事啊？！"

"说来话长，今天经历的太多了，现在我都要饿死了，我们去外面先吃东西，边走我边告诉你……"

吃饭回来，冯晓奕算了算分配的物品最后处理的价格，和自己的拖欠工资比起来损失还不是太大，她对那张办公桌的廉价处理还是有点意见，但是指北针抓阄抓到 6 号的确功不可没，为此他得到了冯晓奕的一个热吻外加一句："你坐在老板椅上真的很威风也很帅哦！不过你明天可以试着买买彩票……"

回到住处，冯晓奕戴起耳机一边画着设计样稿一边摇头晃脑地唱着："我在仰望—— 月亮之上，有多少梦想在自由地飞翔……" 指北针照例打开了电视，不同的是现在坐的是老板椅了，不经意又翻到了"6868 黄金眼"节目，他一下子就惊呆了——画面左下角侧面的人正是自己！

他赶紧把冯晓奕拉了过来，直直地指着电视。画面上已经没有了指北针，但是那栋四层的办公楼冯晓奕一下子就认了出来，她赶紧摘掉耳机，画外音刚好响起："我市一破产服装公司在昨天处理拖欠员工问题时，有位安徽籍女工因不满处理方式从四层楼跳下，摔成重伤，目前还在医院抢救，此事详情还在进一步调查之中，敬请大家继续关注……"

自鸣塔

　　火车穿过了一个又一个的山洞,呼啸声时远时近。"这应该是最后一个隧道了",章永合在心里默念着,他猛地睁开眼睛,阳光瞬间灌满了车厢,右前方的大海风平浪静,耳机里马修·连恩的旋律逐渐清晰了起来。二十年前他以优异的成绩考入了清华大学建筑学专业,毕业后赶上了建设大潮,一条条老街在推土机轰鸣中消失,一座座新城在荒芜中拔地而起。他先后在国企大院、外企公司、大师事务所干过,后来自己和朋友也合伙开过事务所,不知是雾霾天气渐多还是长年累月的加班,他越来越厌倦自己的工作,准确地说应该是厌倦自己的生活状态。

　　出租车从火车站出来,一路的景象既熟悉又模糊,这就是我出生长大的溯州?其实章永合毕业工作后每年还是会回家一两次的,只是每次都来去匆匆,几乎没有仔细地打量过这座他曾经再熟悉不过的城市。

　　"终于想起家的好了?"老章鱼坐在房檐下的藤椅上被

夕阳染得金黄，一手托着紫砂茶壶。

"嗯，爸你甭说我还真是越来越怀念老家的蓝天白云，还有这方小院，当然还有远处的大海，在外面生活是越来越忙，心却越来越空，也不知道整天在忙什么。"

"现在心里踏实了？不打算再出去了？"

"踏实，踏实极了，不再出去了，我要扎根在故土。"章永合笑着跺了跺脚下的土地。

溯州是个海滨城市，曾经是山不在高，有塔则明；水不在深，有鱼则鲜。如今却是高楼群起，昔日为渔船导航的灯塔已经被璀璨繁华的霓虹灯淹没了，海水虽然依旧蔚蓝浩渺，但是近海的鱼已经打捞不到，渔业基本成了溯州的夕阳产业，新兴的电子、旅游和化工后来居上，还有如火如荼的房地产逐渐成了这个城市的支柱产业。

昔日的码头还在，只是有点破败，如今大家都忙，坐飞机还嫌慢，坐海轮的人几乎没有了。码头的人却不少，老去的渔民常常聚在码头的广场喝茶喝酒，聊天下棋，他们已经离不开大海，离不开这海的味道了。

大海东边的山的确不算高，却起伏绵延开去，让海有了依靠，迎风坡面的松树树冠低矮，枝叶稀少，四季都显得光秃秃的。曾经的渔民还是可以从流光溢彩的街灯中分辨出山顶灯塔的亮光，那曾经对他们来说可算是希望之光生命之光，在海上漂泊一日或者数日归来，远远地望见灯塔的亮光让他们觉得冬日的海风都有暖意。

每当灯塔亮起来，在家的妻儿都忙碌了起来，小城上空随即炊烟袅袅，鸡欢狗叫，归鸟绕枝，日子就这么一日接一日地过着，简单，平凡而平静，如今连他们自己都越来越怀疑这样的日子是否存在过。他们的儿子虽然记得，可都太忙了，没有时间听他们唠叨，更没有时间陪他们在海边发呆。至于吃着肯德基、麦当劳的孙子辈更是不明白他们在讲些什么。爷爷是《老人与海》中的老头吗？你抓到过鲸鱼或者大鲨鱼吗？没有？那想这些有什么意思啊！他们啃着汉堡包更希望自己将来能成为奥特曼。

灯塔之所以还能维持着每天的亮光，那是因为曾经带队打鱼的"老章鱼"（他大名叫章济，后半辈子他自己几乎都忘了这个名字）住在山坡下的村子，山坡下还有溯州最早居民的墓地，墓地旁边还有个祠堂。鱼越来越少，加上老章鱼年纪渐大，子女也都孝顺出息，就早早收网安享晚年。每天天擦黑他都会不紧不慢的爬上山掀开灯塔的电闸，一年四季风雨无阻，尽管外面的灯光已经成了海洋，可他知道有人惦记着这灯光，他也需要这灯光。灯塔最近却隔三岔五地不亮了，大家为之心急，曾经一起出海的老友来了，各种"老鱼"围着老章鱼，劝他安心养病，灯塔就由他们轮流来值班。可惜老章鱼没多久还是故去，按他意愿将骨灰撒在了海里喂鱼。当灯塔再亮起就让人更伤心，好在伤心的人也越来越少。

随着溯州经济的腾飞，领导觉得一个城市再怎么发展都不能没有根——也就是需要文化搭台，否则经济这戏唱得太单调了，于是专家学者经过研究考证，溯州的文化根基还是在渔业和海洋上。最后几经论证决定在原来码头的基础上进行总体全面设计，将建设一个现代化的"渔人码头"，要全力打造一个充满渔业文化气息的海滨广场，还要建造一个能充分展示溯州城市历史文化博物馆，最大的手笔是要在广场一端紧邻海岸的地方建造一个高达百米的标志塔！

虽然本市也有规划设计院和建筑设计院，但和北京上海那样大城市的设计院比就显得是井底之蛙了。本着精益求精和提高城市知名度的目的，市领导决定对海边的建筑及标志塔设计进行了邀请招标，北上广几大城市最好的几家设计院都参与了方案设计，最后胜出的是北京的一家设计机构，担纲设计的是一位国家级设计大师，据说他带出来的博士生都有几十人了。该大师提交的方案似乎在意料之中又出乎意料之外，标志塔的基座是一艘既像风帆又像礁石的渔船，塔身出乎意料的设计了三个高低粗细不同的"柱子"，这三个柱子相互映衬与协调成为有机的整体，它们寓意着渔船的桅杆，标志塔整体则寓意了这个海滨城市经济文化发展的起源，还预示着溯州市的建设在今天及未来扬帆启程，博物馆的造型也如同风化的礁石一般粗狂而有力。大师的方案得到了领导和市民的一致好评，接下去由本市建筑设计院协助完成方案的深化及施工图设计，具体的工作则由章永合带队完成。

标志塔在国庆前三天完成了，竣工典礼安排在国庆。是日，广场上人潮如海，几乎连真的大海都看不见了。尽管城市中有好些楼高度都超过了一百米，但是标志塔紧靠海边，还是十分的突出。那天成了溯州人民的狂欢节，从来不喝酒的设计大师也喝了两杯红酒，脸就酡红一片，他的助手和博士生面对此情此景陶醉不已，整个广场人声鼎沸，以至于淹没了海潮的声音。人们狂欢到月上柳梢依旧不肯离去，反而掀起了又一轮高潮，直到东方见白广场上才冷清安静了下来，海面也异常的平静。

　　第二天人们一如既往地忙碌着，狂欢似乎发生在梦里。只有老人依旧在傍晚集结在新的广场，依旧闲聊下棋。涨潮了，海浪阵阵。听，这是什么声音？耳朵好的人已经听到了，绝对不是海浪的声音，而且是从来没有听过的声音！耳朵不好的人也听到了，的确有如天籁。悠长，辽阔，虽然有点呜咽却不悲凉。最后大家惊讶地发现声音是从标志塔发出来的。听到这声音的市民寻觅踪迹追寻到了广场，开始仰望标志塔，他们似乎用眼睛都能看见这声音。广场上人聚集的虽然不少，却都静静地听着，完全没有了昨天歇斯底里的疯狂。海潮平静了，标志塔发出的声音也渐渐消隐了，人们坚信风平浪静再没有了任何声音才陆续回家。

　　随后的日子，标志塔在海潮到来时都会发出如同天籁般的声音，本市的音乐教授试图谱写它的曲子，结果发现这声音初听差不多是一样的简单重复，仔细分辨却发现没有特别规律，要说有什么规律的话那就是随着海潮大小与月缺月圆甚至季节有关。溯州市的所有媒体都对这件事情进行了持续的长篇累牍的报道，最后省电视台专程到溯州来做特别节目，节目播出时背景是标志塔，背景音乐也是标志塔发出的声音，最后甚至中央台都对此做了播报。

溯州因标志塔和塔的声音而一下子扬名大江南北，有无数的人赶来一听为快，以标志塔的天籁为背景音乐，在滨海广场手捧一杯现磨的咖啡看夕阳西下成了溯州不可替代的名片。这里天天人满为患，可这又算得了什么，这样的盛况远远超出了当初领导专家的构想与期望。只是一直守候在海边的老人受不了这盛况的景象，只好待在家里，打开窗户，可以听到标志塔上传来的声音，在这声音中拍打着孙子孙女入睡也足以了，何况这声音还让他们感觉到了海潮的起伏和海水的腥咸……

有不少媒体对设计大师进行了多次采访，问他是如何得到神来之笔的灵感？大师起初热情接待讲解，最后应付不过来了就打发他的博士生和助手接待。他们及时总结了设计创意灵感和心得，先后刊发在各大报刊上：什么是标志？是塔吗？可以是可以不是！所谓标志可以是眼睛所见的，也可以是耳朵所听的，还可以是鼻子所闻的！标志塔的设计正是结合了当地的特殊地理与气候，并且在对传统"标志性"解构基础上重新建构才有了今天标志塔这样的杰作产生！

章永合最近越来越不踏实，而且极其的烦躁，因为他从小长大的院墙上已经画上了一个大圆圈，圆圈中间写着一个大大的"拆"字。他从小在这老房子里做了很多梦，但是没有梦到在有生之年房子会被拆除，这里的几十户人家解放前就住在海边的山脚下，现在城市飞速在发展，市政府要在沿海边兴建大型商务旅游度假中心。院里的领导，拆迁办的负责人甚至市里的领导多次找他谈，希望他能做个表率："你是做设计的啊，要相信好的战略和设计能为市民创造出美好的未来，你看看你参与的标志塔设计为大家带来了多少幸福，也为这个城市做了多大的贡献，当然拆迁的补偿费都好商谈……"

在一栋栋高楼拔地而起的当下，房价绝尘而去，扶摇直上，天空都不再那么蓝了，大家心头都蒙上了一层阴云，谁还有时间和心情仰望头上的星空？他越来越怀疑自己从事的设计工作到底能有多少价值。这就是精心设计实现的结果？几十户原著居民开始态度极其一致——坚决不搬走，但是随着时间的推移统一战线被逐渐瓦解，一栋栋的房子被拆除，章永合的顽固不化遭到上级的斥责与更大的压力，做设计的他竟然成了建设美好城市的绊脚石……

不知从何时起，标志塔发出的声音变调了，好像得了感冒，声音嘶哑。这一下子让全体市民都像患上感冒，闷闷不乐。他们已经习惯了在傍晚听到这声音，如同他们在晚上七点准时听到"新闻联播"的序曲，何况听到标志塔的声音就如同他们亲自到了海边！领导好像感冒的最严重，连续召开紧急专题会议，召集所有相关部门会诊标志塔变调的问题，他们担心再这样下去标志塔总有一天会哑巴的。那个时候怎么向全体市民交代？市政府大院外面天天都有热心的市民来咨询情况。

解铃还须系铃人，最后溯州市建委主任亲自登门求救设计大师，让他尽早想办法解救标志塔于嘶哑。大师也不敢怠慢，先后又带助手和博士生几次到现场会诊，并且连续几个晚上就住在海边酒店观察，可惜最后也没有找出解决问题的办法，好在找出了问题的原因，这多少给了溯州市领导一点希望。大师解释由于地球大环境变化（诸如全球变暖、南北极冰雪融化、海啸频发等），导致溯州市的海潮起伏方向有所变化，这样带来的海风方向就跟着发生变化，所以标志塔发出的声音就变调了……

溯州市政府不惜重金向全市全省甚至全国征集拯救标志塔的方案，结果应征者寥寥无几，所提的方案也没有什么实质性内容，还有方案建议可以在塔上设置喇叭，来定时播放之前的录音。领导着急上火，讲话发言声音也变调了。现在民间流行着各种各样的猜测，有的简直迷信荒唐之极，竟然谣传将要发生特大地震，弄得人心惶惶，原来招商引资在海边要建造的商务旅游度假中心眼看快要黄了……

四月是个美丽而残酷的季节，傍晚的阳光玫红一片，小院中间的石榴花开得红艳艳粉嘟嘟的，地上也是落英缤纷，四岁多的女儿苗苗把落下的石榴花一一捡起来在屋檐下的方桌上摆成了一个大大的心形图案。

"爸爸，我们的房子真的要被拆了吗？旁边李叔叔家已经被拆了，晚上没有灯光好怕怕啊……"

"我们不会走的，我们一直就住在这，爸爸像你这么大也在这里捡石榴花玩的……"章永合抚摸着女儿细软的头发。

"爸爸，是不是要地震了？幼儿园的小朋友都说马上要地震了，那样我们的房子就全塌了，我们还会活着吗？"

"怎么会地震呢？不要相信那些谣言……"

"可为什么海边的标志塔最近不响了呢？以前我都是听着那声音睡觉的。爷爷活着的时候每天傍晚都抱我去海边，那声音可好听了，爸爸我想爷爷了……"女儿的泪水扑簌簌地落下来，打湿了桌子上石榴花拼的心形图案。

"……你进屋找妈妈玩一会，爸爸给你放最好听的音乐。"

出了家门，章永合来到了海边，他下到了标志塔迎海面基座下，这里的基座和海堤连成了一体。涨潮了，一浪一浪的海水打湿了章永合的鞋子，浪花都扑到了他的腿肚子上，凉凉的。这里有他埋藏在心底的秘密，当年配合设计标志塔时，他考虑到塔身是中空的，基座一面迎着海风，是不是可以让这个庞然大物发出点声音？其实他一直对屋檐滴水的声音着迷，继而仔细分辨倾听着不同建筑中的声音，有些时候他觉得每个或好或坏建筑都是可以发声的，那声音甚至能分辨出性别和性格。

当时他研究分析了一下相关乐器的发声原理，在画图时在塔身里设计了几道弹簧片，并在基座迎风面设计了进风口，但这不是笛子，毕竟有一百米高啊，至于将来能不能发出声音或者发出什么样的声音，他是一点把握也没有。没有想到标志塔竟然一鸣惊人，成了这个城市独一无二不可替代的标志，最后融入了大家的日常生活。前一段面对房子被拆迁的各种压力，他来海边试着将基座的进风口每天关一点，从这塔建成发出声音以来从未调试过，还有他想这塔不再发出声音的话也许会让这个城市的建设放慢脚步，那样自己的房子可能就不会被拆了。当标志塔真的静默后，他发现自己变得沉默，连女儿苗苗也变得闷闷不乐，更没有料想到的是满城谣言四起，弄得人心惶惶。

章永合用力推开了标志塔进风口的挡板，随即标志塔又发出了低沉、悠长而辽阔的声音，真是天籁之音，这声音和海浪拍打堤岸的声音浑然一体。不远处"渔人码头"广场的喧嚣声沉寂了下来，人们从四面八方慢慢地向标志塔涌来……这时章永合的手机响了："爸爸，我听到了，我听到了标志塔的声音！"苗苗兴奋地在手机中叫着。"你再仔细听听还有什么声音？""……海！是大海！爸爸，我听到了大海的声音！"

从饭店到博物馆
——中国建筑现代化的三十年跨越

（一）

中国的改革开放其实是在走着两条路：对内改革以求自新，和对外开放寻求机遇，最终达到全面现代化，这统称为有特色的社会主义道路，在此进程中中国建筑所走的道路也不例外。

近三十年来国内的建筑师通过高强度的实践摸索，有力地推动了整个社会的城市化，而国外建筑师在中国的工程项目则最直接地影响了中国建筑实践和理论的走向。国内外的建筑师在此进程中有着直接或者间接的交流、交锋与碰撞，相对来说国内的建筑师更多的是在不断学习、借鉴、转化和吸收，然而文化背景与时空的差异、实践手段的不同以及当下中国社会转型中的特殊性直接导致了彼此理解的错位，从而引发大量的误读与误会，这让国内建筑师的实践道路更加困境重重。

1979 年，美籍华裔建筑大师贝聿铭先生受邀在北京设计了香山饭店。1982年，程泰宁先生通过与国外建筑师竞标拿下了杭州黄龙饭店的设计权。近三十年后贝先生又受邀完成了他所谓的"封刀之作"——苏州博物馆，与此同时程泰宁先生通过竞标设计完成了他近期的力作——浙江美术馆。两个饭店与两个展览建筑完成时间前后相差近三十年，贝先生以其特殊的身份试图为"具有中国传统建筑特征的现代建筑"指明道路，而程先生则本着"立足此时、立足此地、立足自己"的一贯精神不断的在为中国建筑的现代化探索、实践。他们到底是殊途同归还是异曲同工？或者大相径庭？我们对待事物已经习惯了蜻蜓点水、浮光掠影式的对比与评价，表面的像与不像成了关注的焦点，我们透过这些表象是否能看到事物的本质？又是否能走出这重重困境？

（二）

1978年，贝聿铭先生受邀访华，希望他在故宫附近设计一幢"现代化建筑样板"的高层旅馆，作为中国改革开放和追求现代化的标志，如此匪夷所思的想法，在当时却反映出整个中国社会对西方文明所代表的现代化的急切向往。贝聿铭回绝了这个建议，他希望做一个既不是照搬美国的现代摩天楼风格，也不是完全模仿中国古代建筑形式的新建筑，最后他选择了在北京郊外的香山设计一个低层的旅游宾馆。

香山饭店的方案是一个只有三四层的分散布局的庭院式建筑，它的建筑形式采用了一些中国江南民居的细部，加上

香山饭店鸟瞰

现代风格的形体和内部空间，呈现出既传统又现代的意象。在建造过程中，香山饭店已经受到中国建筑师和媒体的高度关注，贝聿铭也在一些场合对他的设计构思作了阐述和解释。1980 年，贝聿铭在接受美国记者的采访时这样说："我体会到中国建筑已处于死胡同，无方向可寻。中国建筑师会同意这点，他们不能走回头路。庙宇殿堂式的建筑不仅经济上难以办到，思想意识也接受不了。他们走过苏联的道路，他们不喜欢这样的建筑。现在他们在试走西方的道路，我恐怕他们也会接受不了……中国建筑师正在进退两难，他们不知道走哪条路。"[1]他表示愿意利用设计香山饭店的机会帮助中国建筑师寻找一条新路。

而作为中国方面对香山饭店的解读则明显的发生了错位。对中国建筑师来说，很难感同身受的是贝聿铭当时所处的社会和文化环境：美国建筑界正处在现代主义和后现代主义热烈讨论之中，贝聿铭正是在这样的一个背景下接手香山饭店

香山饭店实景照片

的设计。贝聿铭的传记作者迈克尔·坎内尔在谈及香山饭店时认为"中国方面对香山饭店的反应不冷不热，这是由于理解上的差别太大，他们无法欣赏贝聿铭代表他们所取得的艺术成就。"[2]他的观察有一定道理，但并不完全准确。事实上，中国建筑师对香山饭店在艺术上的成就给予了充分的肯定和客观的评价。当时的政府、大众和建筑师所不能或者说不愿理解和接受的是贝聿铭在香山饭店之后的文化意图——对西方现代主义建筑和现代化模式的反思和批判。坎内尔无法体会到在当时的中国社会和贝聿铭所处的西方语境之间，在关于现代化的认识上所存在的巨大落差。实际上在当时中国社

注1.　B·戴蒙丝丹.《现代的美国建筑》连载（三）：访贝聿铭(I. M. PEI).建筑学报，1985（6）：62～67.
注2.　（美）迈克尔·坎内尔.《贝聿铭传：现代主义大师》·北京：中国文学出版社，1997.32.

255

美国贝克特国际公司设计方案 严迅奇设计方案

会和建筑师都没有准备好接受一个既不是现代风格、又非传统形式的建筑，或如贝聿铭所说的"一种并非照搬西方的现代化模式"。

1982 年，作为浙江第一家完全由外方投资管理的酒店——黄龙饭店开始设计。起先的方案是由设计过北京长城饭店（1983 年开业）的美国贝克特国际公司负责完成，对中国传统歇山屋顶与西方现代高层建筑元素的拼贴使得该方案不伦不类，其实这正是当时西方典型的后现代主义手法（长城饭店裙房的女儿墙上用"锯齿"隐喻"长城"的手法也是如出一辙），而不是被我们误读的"西方建筑师不了解中国文化所致"，当然不了解也是一个原因，但不是真正原因，文化背景差异和时空的错位才是问题关键。中方显然对这个"折中"的方案无所适从，所以又找来了香港建筑师严迅奇来设计，严因为在当时在巴黎歌剧院的国际竞标中胜出而名声大振。从方案看，严的设计倒和贝聿铭的香山饭店有几分相似，

256

程泰宁设计草图

黄龙饭店实景照片

也许是他们从内心都有意为中国建筑寻求"一种非照搬西方的现代化模式"。

当时程泰宁先生牵头的本土建筑设计团队起初的身份仅仅是"陪练",因为在投资方看来"西方建筑师在五星级酒店喝咖啡的时间都要超过中国建筑师的画图时间",现实的情形也的确如此,设计的手法和生活(功能)的体验不足是不争的事实,但是程泰宁对杭州城市尺度与地理人文环境的把握却是西方建筑师所不及的,他的方案对建筑体量拆分重组,并结合院落组织、地上地下空间处理,既满足了现代化酒店的功能需求,又营造了极具江南文化气息的空间意象,并且在此基础上很好地处理了建筑的外墙材料、窗户以及屋顶的形式与色彩的关系,最终达到了内与外的和谐,尤其是建筑与对面宝石山的呼应。

在这次国内外建筑师设计过程的交流或者交锋中,程泰宁先生的取胜显得十分自然,可谓以"虚"取胜——在城市环境中虚化主体、在建筑单体上虚化墙面屋顶、在庭院园林中虚化形式，而最终强化的是"意境"！"悠然见南山"是他为黄龙饭店主入口铭牌背面选择的诗句。黄龙饭店的设计成功虽然得到了国内甚至国外同行的高度评价和认可，也成了程泰宁先生的设计成名作与代表作之一，但是这成功并没有帮助中国建筑走上一条"并非照搬西方的现代化模式"的道路，随后的中国建筑界又刮起了强劲的"欧陆风"，罗马柱式与穹顶几乎一夜之间占领了中国大城市的街巷。"正如马克思预言的，发达国家向不发达国家所展示的，是后者的图景。在这个预言的'定律'面前，我们脑力衰竭，似乎只需要练就发达的四肢去实施那种'图景'。"（李小山，《批评的姿态》）可悲的是我们对发达国家"图景"认识还发生了严重的错位，更可悲的是我们对自身的"传统"进行了严重的扭曲，加之部分长官意志的主导，北京和为数不少的城市还出现了"身穿西装头戴瓜皮帽"的奇观建筑。

（三）

2002 年 4 月，已经 85 岁高龄的贝聿铭先生正式签定了苏州博物馆的设计协议，在自己曾经的故乡完成"封刀之作"可谓意味深长。这个项目一开始就引起了不小的争议，只是这争议倒不是针对建筑设计本身好坏，而是不少人反对将博物馆选址在仅一墙之隔的拙政园旁边。三十年前贝先生拒绝把饭店选址在故宫附近，但这次他却当仁不让的把博物馆用

苏州博物馆组群方案

苏州博物馆入口方案

地选在了苏州的敏感地带，只是这次他似乎更多地把这当作了自己"人生最大的挑战"，也把这个建筑视作自己的"小女儿"。

苏州博物馆遵循着"中而新，苏而新"的设计理念以及"不高不大不突出"的设计原则。相对于安德鲁同样在敏感地带完成的"巨蛋形"国家大剧院，苏州博物馆对建筑尺度的拿捏、色彩的把握与对周边环境的尊重与处理还是十分到位的。在构造上，大量使用玻璃和采用开放式钢结构，由几何形态构成的坡顶，既传承了苏州城内古建筑纵横交叉的斜坡屋顶，又突破了中国传统建筑"大屋顶"在采光方面的束缚，在庭院设计上也是遵循了"中而新，苏而新"的设计理念，其中"以壁为纸，以石为绘"的叠山理水手法可谓别具一格。从建成效果来看，苏州博物馆在国内应该算是一个很不错的作品，而且施工完成度相对也很高。遗憾的是园林式的分散布置和过度的对室内外空间的渗透强调，结果导致相当一部分观众也把展厅当作新式园林在游玩，最后影响到了展览效果，毕竟苏州博物馆是一座大型的综合展览馆。与贝先生自己设计的香山饭店相比较，可以说苏州博物馆除了在用材更为考究以及细节完成更为精致外，在设计思想和表达手法上并无本质区别。

浙江美术馆的设计以及施工进程几乎完全和苏州博物馆一致。程先生三幅极具美术性的草图与题词很能说明他的设计出发点与立意。之一：与环境共生，"依山面水，错落有致，虽为人造，宛如天开"；之二：江南流韵，"粉墙黛瓦，坡顶穿插，江南流韵"；之三：艺术品位，"钢、玻璃、石材的材质对比，方锥与水平体块的相互穿插，使建筑具有雕塑感"。

整个美术馆的设计正是在此基础上展开的，从完成的效果来看，浙江美术馆通过自由组合与随机拼贴的手法对歇山顶原型进行了抽象演绎，加之黑白灰的色调以及方锥与水平体块的相互穿插，使建筑极具雕塑感，无论外在的形象还是内在的气质都和杭州以及西湖十分和谐，其单纯性中透露出的复杂性与多元性在气质上更接近传统的水墨笔法，遗憾的是景观设计和整个建筑有些脱节，建筑的钢结构完成度也不理想。

通过对浙江美术馆与二十多年前的黄龙饭店相比较，在外在的表现手法上还是有了很大不同，相对来说黄龙饭店的布局自然，表达形式很有节制，材料运用也很质朴，而浙江

浙江美术馆

美术馆无论建筑形式还是材料运用都有明显的突破，从而显得更具时代感与表现力，这也许是因为"此时、此地"在近三十年中发生了巨大变化，而作为设计者本人对建筑的整体把握以及审美意象也有所提炼与升华。

相对于三十年前的两个饭店设计，新近落成的苏州博物馆和浙江美术馆在建筑界显得较为平静，基本没有引起多大的轰动与影响。而与此同时其他西方建筑师在中国相继设计完成的一系列重大建筑（诸如国家大剧院、CCTV大楼、鸟巢、水立方等）却引发了广泛而激烈的争议，只是这些争议在新的社会条件下已不仅仅是纯粹建筑领域中的讨论，同时也成了一个社会和文化事件，对于中国大众来说似乎一夜之间知道了"建筑师"这个职业的存在。

（四）

　　三十多年过去了，贝先生和程先生先后完成了两个饭店和两个展览建筑的设计，他们从一开始就试图为"具有中国传统建筑特征的现代建筑"指明或者探索道路，反观今天中国的建筑界，这条道路是否已经清晰明了了呢？如果说三十年前我们尚缺少必要的资金、技术、经验和理论，一心想早日实现现代化（尽管贝聿铭拒绝了在故宫附近设计一个现代化的高层酒店，可我们几乎与此同时就请美国人在距离故宫不远处设计了长城饭店），那么在大规模的实践了三十年后，连洋大师都不请自来了，我们还缺少什么呢？难道是所谓的传统文化吗？建筑离不开形式，形式对于建筑的重要性不言而喻，国内当下的建筑形式可谓"语不惊人死不休"，不炫目似乎就不是设计。贝聿铭先生和程泰宁先生在两个不同时期的设计，不但文化背景与时空有着差异，而且在实践过程中他们各自对形式的运用方式也很不相同，可惜不少人把这个关键的问题简化成了表面的像与不像。现在让我们回过头来对他们两个不同时期作品的形式手法再进行一个简要、全面的分析比较。

　　贝聿铭先生可以说一直是西方现代主义建筑理论的坚守者与实践者，他通过对基本形体的切削和抽象严谨的几何演绎来控制着整个建筑的最终形式，形式对他来说是第一位的，他用形式在诠释着意味，如此一来他的建筑在形式上有着清晰的可读性与统合性，在细节上则追求着高度的机械美学，而他合伙人模式的工作团队为此提供着极大的人力与智力支持，另外他通过与结构设计大师、景观设计师、照明设计师、雕塑家以及相关艺术家的协同工作，让他的建筑不仅在整体上有着极高的理性完成度，又体现着非凡的艺术气质。这不仅仅体现在他在国外的作品上，在中国设计完成的香山饭店和苏州博物馆亦是如此，只是中国客观的管理水平与施工条件让的作品完成度相对来说打了折扣。

程泰宁先生作为本土的建筑师，他明显的受着西方现代主义建筑的影响，但这影响更多的只是体现在基本手法上而不是理论支撑上。他通过个人大量的反复实践，对自己的设计理论早期归结为"立足此时、立足此地、立足自我"，近来提炼升华为"天人合一、理象合一、情境合一"，从他不多的论述中我们不难看出他对"自我"的强调，因为相对于形式与意境来说，他更在乎意境的重要性，从他为黄龙饭店铭牌选的"悠然见南山"可见一斑，尽管他对形式也有着自我严格的控制，以致被张在元称为"泰宁尺度"。他的设计思想虽然相对来说是比较稳定的，但是随着个人的设计积累，手法却是十分多变，自由组合与随机拼贴的手法使得他的作品形式有着复杂性与多元性，这点在浙江美术馆的设计中体现的极其明显。如前文所述，浙江美术馆的环境、雕塑设计和整个建筑很脱节，建筑内外部的钢结构完成度也很不理想，虽然有着种种的现实问题制约，但这从很大程度上影响制约了建筑的整体表达与品质，如此看来建筑的现代化无疑是需要建立在社会的现代化基础之上的。

（五）

当下的中国已无可争议的成了世界建筑的工地，而众所周知的事实是，在中国经济快速发展的同时并没有形成独立于政府权威的公民社会，所呈现的是一种权力指导下的市场经济，是一种不完整的现代化形态。在这种状况下西方建筑师并没有像贝聿铭那样把中国作为一个不同于西方文化主体来特殊处理，更不会像程泰宁那样的本土建筑师对中国的主体文化做出积极的反应与回馈，他们的设计意图与中国当下语境之间的错位关系十分明显，这些设计失去了应有的社会意义和公共价值，最后只剩下了荒诞夸张的没有意义指向的形式，到头来实现的仅仅是建筑师的自我梦想。在这样大背景下完成的无论是苏州博物馆还是浙江美术馆，都显得有些阳春白雪与曲高和寡，如此的现实与形势让更多的本土建筑师的实践和中国建筑的现代化进程陷入了重重困境。

我们相继建起了号称世界上结构最复杂的鸟巢、水立方和CCTV 大楼，然而一场突如其来的地震却让无数学校沦为了学生们的噩梦，我们有着上下五千年的传统文化，却少有五十年历史的建筑（房子），在此基础上谈建筑文化犹如空中楼阁。国内任何一家综合的设计院都有建筑、结构、给排水、暖通和电气等专业，为什么焦虑的总是建筑师？其他人（专业）为什么就这么淡定？难道他们就不需要现代化和人文情怀？

据说现在的香山饭店管理很差劲，卫生设施也不好，在网上搜索了一下网友评价，传说应不虚。去年底黄龙饭店完成了改扩建，有意思的是原先老建筑的外墙面砖也替换了，而且是程先生亲自去日本挑选的规格与颜色。三十年前各地相继在建造饭店，如今又在纷纷建造博物馆、美术馆等文化建筑，这是否就能证明我们在物质发达后要大力发展精神文明了？我们对建筑的基本评判尺度和根本意识形态立场又是什么？我想建筑设计首先需要发现问题，这是我们基于对社会、文化、经济、历史、地理、城市、业主需求、功能等诸多客观因素的认识和理解的基础上，找到切入点并提出设计概念的过程，其次我们还应直率地面对各种问题，并以专业观点提出完整的方案，最终创造性地解决问题，每一次的设计过程都应该是一次从发现问题到解决问题的过程，这样一来我们也许会离所谓的思想文化较远，但是一定会离建筑和人更近。

中国建筑现代化的演进及思考

（一）现代化的前奏

中国近现代以来社会变革不仅巨大，而且特别被动，新中国成立前，首当其冲的任务是救亡图存。在学习追赶西方的过程中，无论是"师夷长技以制夷"，还是"中学为体西学为用"，基本都是围绕着"坚船利炮"进行的。救亡图存的终极目的当然不只是成为另一个西方，这点当时的社会各界也深刻急切地意识到了，只是形势所迫，当时的志士贤达基本来不及设想我们一旦赶上西方将会是什么样子，那时我们又该如何来建设自己的祖国和家园，乃至我们会过上什么样的生活。

在中国传统文化中基本没有西方所谓的"建筑"观念，这个舶来的词汇让我们感到极其的困惑和尴尬，在中国传统文化中，"建筑"应该叫作城郭、宫殿或者四合院之类，现在建筑师经常引用的古代文献资料是《考工记》《营造法式》和《园冶》等，从书名大体就可以看出这些书多是从营造方面来着眼的，而非"建筑"理论。在浩瀚的文史典籍中关于"建筑"的记述可谓凤毛麟角，但这稀少并不意味着珍贵，我们的老祖宗似乎从来没有为盖房子这件事而困惑过，斗拱、开间、院落、皇城、轴线……对部件的全面分类和标准化，从简单的斗拱到院落，加之尺寸和等级的统一规制，使得建造几乎成为一种惯性劳动。也许正是因为如此，伴随着改朝换代大批的房子被毁灭与重建。我们超强稳定的其实并不是"建筑"，而是文化与社会生产系统——身份等级与尊卑秩序决定了斗拱、开间、院落乃至色彩的选用。

我们的祖先在前朝"建筑"灰飞烟灭间谈笑，也许为房子哭天抢地的只有那位杜工部，因为他的"茅屋为秋风所破"。然而让皇帝宰相为之惊慌失措的时刻还是到来了，坚船利炮掀起的巨浪让曾经的大厦风雨飘摇，这次重大变革让我们认识到自己不再是天下之中，尽管我们极不情愿。

不久"建筑"也被输入，既有租界的实物，又有书籍的理论，只是出乎意料的是这个在我们传统文化里不登大雅之堂的东西竟然在"西夷"却是一门艺术，甚至被尊为艺术之母。严重的错位对我们造成了极大的困惑和尴尬，而这种错位并不只存在于建筑上，对于金器、玉器、陶瓷、家具乃至书法绘画等艺术价值的认识，西方与中国也存在着错位（比如我们传统的青铜器首先是作为"礼器"而存在，而不是现在所谓的"艺术品"），只是在建筑上表现得更为极端。糟糕的是"秀才"被"兵"痛打了一顿后，"秀才"不但认为"兵"比自己体格强壮，继而还怀疑自己脑子是不是也有了问题。自负固然不好，但是

辅仁大学　　　　　　　　　京师大学堂

过度的自卑更不好，可悲的是即使我们承认了这个"艺术之母"就能获得自信吗？不承认的话我们又该相信什么呢？

在近现代我们和西方的碰撞交流中，建筑的现代化也是极其被动的。如果不是清末面临着"两千年未有之大变局"，仅仅是之前的改朝换代，很多事情就不会那么纠结。

建筑的西风东渐，归纳下来是通过以下三个渠道"登陆"的。其一是西方教会在华建造的教堂和教会学校，起初只是为了柔化中国人的排外情绪，教堂和教会学校建筑基本都采用"中国式"的做法。第一任驻华专使刚桓毅认为传教士既然可以穿长袍马褂蓄发留辫，"那么，对一民族极具象征价值的宗教建筑方面，何不最好也来一套'中国装'呢？"值得一提的是这种"中国式"建筑做法也是有变化的，起初的屋顶为南方样式，代表作有圣约翰大学的怀施堂，后期则为北方的官式"大屋顶"，代表作是辅仁大学，之所以会有这种变化也是因为西方传教士和建筑师对中国传统建筑的认识是由南向北发展的，还有就是随着清朝灭亡，官式"大屋顶"建筑才有可能民俗化。其二是随着西方殖民者的到来，广州、上海、天津、青岛、武汉等地先后建起了大量的西洋式殖民地建筑（这些建筑包括领事馆、海关、银行、酒店等），因为这些建筑都建在各国租界，并且基本为外国人使用，所以绝大多数都采用了典型的西洋式风格。其三是民间建筑的西化，起初几大城市的里弄民居形式还有传统民居建筑的特点，及至大量外国人的到来和我国政要、工商及文化精英的聚集，上海、天津、武汉等城市的里弄建筑形式就开始西化了，最典型的莫过于上海的石库门住宅，当然还有一些政要及精英人士的西式花园洋房和别墅。

由于科技、经济、文化发展的不平衡，我们与西方的接触特别的被动，这点从上述西方建筑通过三个渠道的西化就可以看出来，逆来还得顺受，我们对于西方建筑毕竟也采取了"拿来主义"的态度。从清末"新政""预备立宪"时期（1901-1911）延续到民国初年，因为政府倡导学习西方，导致这一时期官方建筑基本西化，这些建筑典型代表有 1906-1910 年间建于北京的陆军部、军咨府、外交部、邮传部等。

令人吊诡的是西方在华的教会学校建筑形式基本都采用了"中国式"的做法，而这一时期在北京、天津和上海分别建造的京师大学堂、北洋大学和南洋公学都采用了西方折中主义的建筑形式。从闭关锁国到放弃自我变得这么干脆和急切，何谈"中庸之道"？这种崇洋媚外的心态至今不绝。其实除了这种心态，还有就是那个时期我们对"科学"的无限膜拜和几乎无条件拥抱，及至新文化运动发起"反传统、反孔教、反文言"，

南京总统府

大力提倡"民主"与"科学",一时文化和建筑大有全盘西化之势。

(二)早期的现代建筑实践

1918 年结束的一战给欧洲带来了巨大的破坏,而作为战胜国的中国却依旧面临被人宰割的局面,这迫使中国近代的先行者重新反思他们衷心拥抱的西方文明和曾经弃之如履的传统文化,其后不断加剧的外来侵略也强化了中国社会的民族主义思想。中国建筑师深处其中,也不例外,建筑师沈糜鸣在《时事新报》上发表文章写道:"一个民族不亡,全赖着一个民族固有艺术的不亡,所以我们要竭力把大中华的东方艺术来发扬,这,当今的建筑师,应该负荷着这个使命。"中国建筑师的民族主义不仅与他们所处的时代有关,在具体设计手法上还与他们的学习背景有关,他们在西方大学所受的建筑教育基本都是学院派的模式,特别注重建筑的形式、风格和历史样式。

民国政府定都南京后在《首都计划》里对建筑形式有明确

孙中山故居

鲁迅故居

的要求——"中国固有式",可是不可思议的是总统府的大门却采用了不折不扣的西洋式,即使首都建设聘请了美国建筑师墨菲做顾问也似乎不能解释总统府的大门就可以用西洋式,要知道墨菲之前设计的燕京大学采用的可是中国传统的"大屋顶",由此可见即使在事关国体的总统府大门形式上,当时政界大员也是不以为然或者有意为之。其实对于这些极具异国情调的建筑,无论政要、学者还是民众似乎都没有什么反感或者抵触的情绪,相反还很欣赏。孙中山在广东等地的几处故居是西洋式的,梁启超、鲁迅等人的故居也是西洋式的,当时浙江南浔巨商的"豪宅"也不乏西洋式的,西湖北山路上也有不少民国时期的西洋式别墅,据说毛泽东对青岛的殖民建筑很喜欢,而且把传统大屋顶建筑讥讽为"道士的帽子乌龟的壳"。"中国固有式"的建筑形式也许更多是中国第一代建筑师和当时一批文化人士的理想,当然随后南京也建造了一大批具有"中国固有式"的建筑,其实这也不奇怪,因为民国时期各个领域基本都还能发出自己的声音——看看文化界的百家争鸣就能理解，当时各界的见解及坚持还是被充分尊重的。

前文提到清末在华的教堂和教会学校建筑因为传教政策而采用了"中国式"，其实来华的西方建筑师也是这股潮流的推动者，因为在当时这些西方建筑师所学的和西方建筑界正在盛行的都是复古的折中主义，这种因袭旧形式的手法实质上是把建筑历史风格当作符号或者文化商品，从而来迎合业主的口味和要求，"中国式"不过是这些西方建筑师采用的历史风格之一，因为折中主义对建筑的功能、技术及经济严重忽视，所以各种历史风格才能大行其道，"中国式"的大屋顶风格也不例外。巴黎美术学院是折中主义传播的大本营，美国宾夕法尼亚大学的建筑学则和巴黎美术学院一脉相传，而我国第一代留学归来的建筑师诸如梁思成、杨廷宝、童寯、范文照、哈雄文、朱彬、赵深、陈植……都是宾大毕业的，他们一方面受到折中主义的布扎学术训练，一方面受到来华西方建筑师对中国"大屋顶"运用的启示，加上在列强环视的大背景下强烈的民族主义驱使，在中国建筑的研究和实践中大力采用"大屋顶"也就不足为奇，这可谓时空错位导致的"合情合理"的误会。另外，近现代公共建筑中银行、办公、会堂、火车站、体育馆、电影院、医院、大型邮局、大型饭店、大型百货公司等类型，不仅建筑形式，就是建筑内容（功能）对我们来说也基本是全新的，这些建筑都体量巨大，即使戴上"大屋顶"也显得体胖腰粗，吕彦直用"大屋顶"形式设计的中山纪念堂就是典型的例子。梁思成首先对中国官式建筑进行了系统全面的研究，除了文化正统和民族主义情结外，留学的教育背景以及在设计上如何对传统建筑进行转换与运用的实用主义也促使他选择了"大屋顶"。

除了起初教育背景对第一代建筑师的直接影响，随着现代主义建筑的风起云涌（1925 年的包豪斯校舍，1927 年魏森霍夫集合住宅，1929 年萨伏伊别墅、巴塞罗那国家馆，1936 年流水别墅等现代主义经典建筑相继完成），梁思成、杨廷宝、童寯等人对现代建筑和"中国固有式"的认识也有所变化，前文提到在 1935 年梁思成和林徽因一起设计了颇有"包豪斯"味道的北京大学地质馆和女生宿舍楼，童寯则在 1936 年中国建筑展览会上演讲说道："在中国，建造一座佛寺、茶室或纪念堂，按照古代做法加上一个瓦顶是十分合理的，但是要将这个瓦顶安在一座根据现代功能布置平面的房屋头上，我们就犯了一个时代性的错误。"如果说童寯、杨廷宝等受折中主义的布扎学术训练的建筑师对"大屋顶"建筑的认识和设计还有个转变过程，那么差不多同时期留学的陆谦受和奚福泉基本就没有这个转变过程，他们执业以来设计的建筑基本都很"现代"，他们在 1935 年南京博物院的竞赛中提交的方案都没有采用"大屋顶"形式，尽管招标书明确要求建筑形式要有"中国式"，为什么会这样呢？因为他们分别在英国和德国留学，所受的教育不同于折中主义的布扎体系。作为中国第二代建筑师的冯纪忠和林乐义，他们留学时正是西方现代建筑盛行的时期，所学就完全是现代主义的建筑理论，他们的设计实践也基本没有纠缠于"大屋顶"，由此可见建筑师采用什么样的建筑形式和风格既受时代背景的制约，也受教育环境的影响。其实这个时期在华的西方建筑师设计手法也有所变化，在上海的匈牙利建筑师邬达克在20世纪30年代前基本采用的是折中主义手法，而进入30年代后却转向了现代主义建筑样式，先后设计了极具时代性和现代感的大光明电影院、国际饭店和吴同文别墅。可以说这个时期我们的设计和西方现代建筑有接轨的趋势，可惜随着抗日战争和随后二战的爆发，加之解放战争的影响，我们就这样与现代建筑擦肩而过，新中国成立后持续的政治运动，"大屋顶"竟又复活了，可悲的是它却变成了多数建筑师的救命草与紧箍咒。

大光明电影院

在改革开放前，建筑设计受政治运动和民族形式影响巨大，在这个时期有意思的是机关大院的单位建筑，说到"单位"给人的首先是不是一个建筑形象，因为它更像一个被院子围起来的小社会，甚至规模还不小的社会，机关大院的单位建筑才是不折不扣的"社会主义内容"。还有一个应运而生的建筑形式——干打垒（当年大庆油田为了在极短时期快速建造出低廉成本的宿舍，创造性的使用了夯土技术），不知道这能不能算作"民族形式"，而且也很具有"社会主义内容"。还值得注意的是我们几个在境外援建的建筑，诸

广州白云宾馆

香山饭店

如龚德顺在蒙古设计的乔巴山宾馆、乌兰巴托百货商店，戴念慈在斯里兰卡设计的会议厅等，由于没有政治的影响和民族形式的束缚，设计呈现的结果轻松而自然，回归到了建筑应有的状态。也许是因为岭南远离政治中心，"大屋顶"阴影莫及，在1968-1975年，莫伯治等人先后设计了广州宾馆和广州白云宾馆，可谓在万马齐喑的大环境下，从广州为建筑界吹出了一阵新风。

（三）近三十年现代化道路的探索

1978年，贝聿铭先生受邀访华，北京政府希望他在故宫附近设计一幢"现代化建筑样板"的高层旅馆——作为中国改革开放和追求现代化的标志，如此匪夷所思的想法，在当时却反映出整个中国社会对西方文明所代表的现代化的急切向往。贝聿铭回绝了这个设计邀请，他说："我体会到中国建筑已处于死胡同，无方向可寻，他们不能走回头路。庙宇殿堂式的建筑不仅经济上难以办到，思想意识也接受不了。他们走过苏联的道路，他们不喜欢这样的建筑。现在他们在试走西方的道路，我恐怕他们也会接受不了……中国建筑师正在进退两难，他们不知道走哪条路。"他希望做一个既不是照搬美国的现代摩天楼风格，也不是完全模仿中国古代建筑形式的新建筑，为中国建筑师的创作寻找一条新路，最后他选择了在北京郊外的香山设计一个低层的旅游宾馆。

北京长城饭店

　　而作为中国方面对香山饭店的解读则明显的发生了错位。对中国建筑师来说，很难感同身受的是贝聿铭当时所处的社会文化环境：美国建筑界正处在现代主义和后现代主义热烈讨论之中，贝聿铭正是在这样的一个背景下接手香山饭店的设计。香山饭店完成于1982年，后现代建筑几个代表作也差不多在这个时间完成，1982年矶崎新设计的筑波中心，1983年约翰逊设计的纽约电报电话大厦。但是贝聿铭的态度没有影响到我们对现代化追求的热情与速度。美国贝克特国际公司设计的北京长城饭店于1983年开业，此为中国第一幢大玻璃幕墙建筑，饭店裙房的女儿墙上用"锯齿"隐喻着"长城"，显得不伦不类，其实这正是当时西方建筑典型的后现代主义手法，而不是被我们误读的"西方建筑师不了解中国文化所致",当然不了解也是一个原因,文化背景差异和时空的错位才是问题关键。令人吊诡的是后现代建筑对历史符号拼贴、戏仿的手法在此时竟与北京"夺回故都风貌"的口号遥相呼应,这情景宛如民国初年西方建筑师在中国采用折中主义手法甚至"大屋顶"设计,而中国建筑师采用"中国固有式"设计一样,这难道是历史的轮回?

近三十年后,贝聿铭设计完成了苏州博物馆,三十年前贝先生拒绝把饭店选址在故宫附近,但这次他却当仁不让地把博物馆用地选在了敏感地带,只是这次他似乎更多地把这当作了自己"人生最大的挑战",并把这个建筑视作自己的"小女儿",而不再试图为中国建筑现代化的道路做什么尝试。也许我们土木结构的传统建筑基本都是一层,水平方向扩展的"开间"与"进

苏州博物馆

深"与柯布西耶提出的在水平与垂直方向均能扩展的"多米诺"体系是极其不同的，"大屋顶"在应对多层与高层建筑时更显得无能为力，以至于被讥讽为"身穿西装头戴瓜皮帽"，假设体量又高又大的长城饭店由贝聿铭来设计，他会如何处理？

与此同时其他西方建筑师在中国相继设计完成的一系列重大建筑（诸如国家大剧院、CCTV 大楼、鸟巢、水立方等），随后世博工程相继亮相，这些建筑引发了广泛而激烈的争议，只是这些争议在新的社会条件下已不仅仅是纯粹建筑领域中的讨论，同时也成为一个社会和文化事件，建筑师这个职业一下子从幕后走向了前台。

中国前几代建筑师基本都是书香门第出身，人文气息很浓，梁思成当仁不让的是其中的代表，他们思考讨论建筑时更多的是在文化层面，加之受西方早期正统建筑学"艺术性"的影响，某种程度上试图将中国传统中作为"器"存在的房子提升到"道"层面的建筑，如此一来对于建筑的材料性能、经济投资、建造程序、施工管理、环境关系等考虑明显滞后，这对后来的建筑师影响很大，现代建筑不应该也不仅仅是作为"艺术"为主导存在的，它是由工业化大生产发展导致传统社会迈入现代化后应运而生的，现代建筑除了出发点与思想与传统建筑不同外，完全离不开材料研发、经济投资、建造程序、施工管理、环境关系等方面整体性的支撑，当然现代建筑也自有其文化艺术属性。我们当下的建筑师更愿意把自己当作"艺术家"，尽管也有一部分建筑师很在意建筑的细节与完成度，但那种在意也基

CCTV 大楼

本是立足于完成自己创作的"艺术品"，而不是现代建筑或者房子的本身属性，因为土地国有化的属性和甲方的存在状态导致设计与实践以及真正的使用者割裂了，建筑师不抓牢建筑的"艺术性"这根救命稻草又能如何？

据报道，我国2012年完成的建筑面积为20多亿平方米，约占全球建设量的60%！这个数据是惊人的，对基础资源的消耗更是惊人的。我国建筑学专业的学生入学素质和西方差别不大，因为国内大学综合排名靠前的学校（诸如清华大学、同济大学、天津大学、东南大学）里建筑学专业也是一级重点学科，建筑学录取分数也基本是全校平均最高分，尽管建筑学教学还有待大幅改进，但是也有不少学生在国际建筑竞赛中获奖。近年来建筑学留学的人很多，因为国外基本没有什么建设，这些人大都回国执业，海归中还有一部分有着在国外著名设计机构的从业经验，更重要的是西方建筑师和设计机构直接来华参与设计的项目越来越多，还有，借助于网络平台和经常出国参观，我们对全球设计前沿理论与动态的了解与掌握是同步性的，按理来说我们的建筑设计和城市建设水平应该不比西方落后多少，可是为什么我们的城市建设和建筑就是乏善可陈？究其原因，首先是大多数建设缺少必要、周密的策划调研，甚至一些建筑设计工作推进大半还没有完成可行性研究，环评、交通等评估都是被动来适应"甲方"需求的，尤其是政府投资主导的建筑更为突出，以至于一些新城建设沦为了"鬼城"。住宅和商业建筑表面看似乎要好些，实际情形是由于开发商以逐利为最大诉求，缺少应有的社会责任和人文关怀，加之社会发展转型很快，不少新建筑时隔不久就变得与城市环境及大众生活格格不入。其次是建筑材料研发与应用、建造程序、施工管理、质量检测和施工人员的素质及水平远远落后于设计行业，众所周知，我们城市建设的主力军基本是"农民工"，而这些人大多数没有建造经验，甚至前一天还在种地，可这能怪在生存线上挣扎的他们吗？在建造过程中因为管理水平和各方利益的驱动，赶工期、管理的混乱和随意性让人咋舌。在国外建筑师基本都是全程参与到整个建造过程中的，在建造过程中需要整合协调和数十项专项设计及相关工作，而在国内快速建造的过程中，建筑师基本沦为了绘图工具，画完施工图基本就算整个设计结束，完全没有时间和精力去做后面的事情，最后变得也没有这个能力和意识，施工方和业主也根本没有能力全面统筹建设过程中遇到的问题，在不少甲方眼里建筑设计基本等同于提供一个创意点子或者一个具体的形象，甚至连起码的形式都算

280

不上。我们当下建筑单体的规模动辄数万数十万平方米，由于缺少周密的可行性研究，加上仓促的建设，建筑质量可想而知，再就是这么大的规模导致建筑空间和设备很复杂，如何使用好一栋建筑，不夸张地说不比学习驾车简单，建筑开始使用时建筑师如能参与其中，对不合理的地方进行优化并及时总结经验，这无论是对建筑品质改进提升还是提高设计者水平都是有极大的作用，可惜在这个环节建筑师基本是缺席的，可叹的是建筑师作品集中精美的建筑照片基本都是没有人的——因为这些照片都是在建筑完成后的第一时间拍摄的，有多少建筑师有底气在自己的"作品"使用了几年后敢去拍照？

十多年前，绝大多数建筑师是在设计院里从业的，而设计院基本都是国有性质，体制对设计工作的束缚不言而喻，随着国企的改制，设计院也变成了企业性质，起初对建筑师潜力的激发作用还是很大的，可是设计院的改制缺少必要的措施，无非是商业化罢了。我们现有的设计管理体制对单个或者合伙人建筑师执业的门槛要求很高——申请设计资质的硬性要求很多，审批程序极其繁复，但是已有资质的设计院理论上却可以无限"挂靠"或者开分公司，其实也就是将资质出卖给有需求的建筑师从而收取"挂靠费"，这样一来导致了严重的恶性竞争，设计水平大打折扣。设计院的规模和贫富的差距基本也是和整个社会其他行业的变化一样，一些后起之秀的设计机构靠综合管理水平和资本运作，短时间高速扩张和膨胀，在此过程中他们兼并、收购了不少中小设计机构和"挂靠者"，这些设计机构对国有改制的传统大院冲击很大，很有竞争优势，可是目前来看这些后起之秀分门别类的精细化设计模式更多的是整合了设计资源，提升了效率，对建筑设计水平的实质提升作用有限，甚至因为效率与利益驱动对设计过程更加割裂——不少建筑师沦为了只负责楼梯或者卫生间的专项绘图员！CCTV 大楼设计者库哈斯曾调侃说：中国的建筑师在五十分之一的时间里完成了西方建筑师五十倍的工作量！十年以来房价的翻倍增长大家有目共睹，笔者所在的城市包子从五毛钱一个涨到了两块（体积还明显缩小），可是我们的设计收费十年来非但没涨，而且还有明显下降，建筑设计行业除了"把女人当男人使用，把男人当畜生使用"外，设计方案的抄袭和粗制滥造是不可避免的。如果抛开上述实际因素的影响，建筑师和专家学者单从建筑设计本身来大谈什么"中国建筑现代化"道路岂不是缘木求鱼？

（四）不接地气的建筑和设计

西方现代建筑从诞生起就和住宅结下了不解之缘，试想如果没有了柯布西耶的萨伏伊别墅、密斯的范斯沃思住宅、赖特的流水别墅，现代建筑史将会黯淡许多，尤其是柯布西耶不仅将房子称作"居住的机器"，并且在《走向新建筑》中写道："今天社会的动乱，关键是房子问题，建筑或者革命！"伴随着西方现代建筑革命般的进程，我们国内也在进行着"土地革命"，几次革命的结果是土地完全国有化，这个结果长期深远地影响着我们建筑的形式、功能乃至城市形态。

一般说来建筑师只有通过甲方才接触到土地，而我们面临的又是什么样的甲方呢？当下能成为甲方的基本有两大类，一类为开发商，另一类为政府官员，其实他们都不是建造房子的最后使用者，只是参与或者主导着设计与建造过程，至于他们的建房动机如何且不去评说，单就是将设计建造过程与实际使用者基本隔开就可想而知会造成多少后患。我们不仅仅是全球最大的建筑工地，更是最大的改造工地，看看住户买房后第一时间把能砸的墙都砸了就知道了，公建的使用也好不到哪里去，因为大家目前的生活与学校、医院、车站、剧院、图书馆、博物馆等无论关系密切与否，都比较被动，公众基本还谈不到对这些建筑格调与品味、讲究与参与。在当下的城市建设速度下，许多建筑缺少前期应有的策划和准确定位，甚至许多项目设计建造完了业主还提供不了一份完整的任务书，那些匆匆完成的大而无当的布景式建筑和政绩工程好不好用又有谁会在乎呢？2014 年初新闻报道说，去年我国新增了十多个"鬼城"，我们

鄂尔多斯鬼城

城市化对人可谓关怀备至，最后连鬼也不放过，以至于在一个建筑高端论坛上，竟然有院士在讨论要如何防止"鬼城"产生，看来他老人家胸怀不够宽广，爱心不够啊！

我曾极端的和朋友说我们的设计基本上没有真正的甲方，朋友大惊，反问这怎么可能。我解释说一个或大或小的居住区就被几个所谓的前期策划部、销售部、设计部的人给决定了，而另一类甲方（或大或小的政府官员）热衷于建造那么多他们自己基本也不去的图书馆、博物馆、大剧院，这两类人算得上真正的甲方吗？但是除了这两类"甲方"我们还存在别的客户吗？在利益与权力最大化的博弈中，建筑师成了美化理想生活的工具（当然也有不少立志于"创造"他人生活的建筑师），无论是否虔诚还是装傻，他们美化的理想生活都成了空中楼阁。身为建筑师，从业十余载，回头细想还真的没有遇到过特别"具体"的甲方，尽管我们一直坚持着"以人为本"的设计理念在工作，可是这"人"到底指的是谁呢？大家都在忙着"为人民服务"，也许这"人"就是"人民"的简称吧。

认识一个建筑书籍的编辑，她说最近计划做一本关于现代"民居"的建筑，问我有什么建议。我问她在当下什么算作"民居"呢？她说传统的不算（也幸存无几），开发商建造的房子也不算，这样一来似乎就只能是农民造的房子。其实在20世纪90年代初，首先富裕起来的农民还是很热衷建造房子的，甚至攀比成风，可是随着进城务工和城市化进程，许多农村基本只剩下了老人和儿童，农村墙倒屋漏，一派凋敝景象。她的书还是编好了，选的五六个实例设计感都很强，材料和施工也算精良，建筑师的作用得到了极大的体现，甚至两个房子本身就是建筑师在农村的自宅，可这能代表"民居"吗？民居乃至城市建设，自下而上的作用很大，在上下的互动中相互协调，最终实现动态的和谐，而我们的土地属性、供地方式和建设管理都是自上而下的，在城市里盖房子让我想起了几十年前农民的种地——因为土地属于集体，地里种什么和种多少都是村长说了算，农民只要勤劳，至于收成好坏和他们关系不大，当下的建筑师不正是在协助甲方在城市里种房子的"农民"吗？城市里基本靠"农民"设计和建造的房子，却被开发商以贵族帝王式、楼台亭阁式、山水风光式、欧美名胜式、福禄寿祥式、时尚潮流式……来命名，中国传统文化的精髓可谓得到了充分的挖掘和展现，我们的生活竟有如此的丰富。而这些无所事事的"农民"却热衷给建筑起外号，于是什么"水煮蛋""大裤衩""比基尼""秋

杭州"比基尼"

裤""马桶圈"等应有尽有，这样一来也是算雅俗共赏了。

当下城市建设最为大众和学者诟病的是"千城一面"，造成这个局面原因很多，诸如前文提到的土地属性、建设管理等原因外，信息的快速复制和传播导致了大量的山寨建筑，加之交通工具的升级换代和人们频繁的"迁徙"等原因进一步加剧了"千城一面"的感觉。

我认为"千城一面"还不是最根本问题，其实人在一个地方住久了还是能感觉到其间的差别，最根本的问题是这"千城"很少有在空间形态、交通环境等方面令人满意的，现实的情形更是"一城千貌"，几乎每个建筑都想成为地标，而快速建造导致建筑质量普遍低下，最后的结果是新城不新，旧城很破，空气很霾，几经折腾，城市里连几十年的大树都难以看到，何谈共同记忆与文化传承？！

"千城一面"的批评一般都是作为铺垫，下文往往就是中国当代建筑与城市何去何从的论述与建议，为什么大家都热衷于宏大叙事？也许是土地国有制的属性使得大家潜意识里认为整个国家就是一大块地，似乎不用"中国建筑"来谈论当下的建筑设计及城市建设就无法体现出自己视野的宽度和理论的深度，难道用"中国建筑"就能"毕其功于一役"？并且能改变"千城一面"局面？不知道在汽车、手机、相机、家电等工业行业，是不是也有着建筑师如何在设计中体现传统文化的纠结与困惑？

现代建筑发展到了国际化必然会导致"千城一面"，乃至"全球一面"，为了摆脱这种僵化现象的产生，后现代建筑应运而生，可惜也是昙花一现，建筑的地域性和可持续性成了当下国际建筑的主流方向，只是在我们当下的城市化进程中形势更为严峻复杂。

地域性首先意味着一个地方的经济文化和生活其中的人要具有一定的稳定性，唯其如此才能体现出地方特点，而我们当下的社会发展速度极快，大量的旧建筑被拆除，加之人口流动性极大（且不说城乡之间的人口流动，就是城市之间的人口流动也是惊人的），全国建造房子基本都在用相同的建筑材料和做法，施工的人来自全国各地，使用者也是来自全国各地，在这样的背景下建筑的地域性又当如何体现？至于建筑的可持续性就更是不容乐观，且不说我们的房子平均寿命只有三四十年，几乎每个大城市都空置着大量的住宅和写字楼，我们只是为了设计而设计，为了建造而建造，设计和建造更多的成了资本运作的需要，而不是为了美好的生活。

按理来说，在当下全球最大建设量的国度建筑师应该大有作为，看看西方社会在一战、二战后大量建设年代的建筑师作用和影响就知道了，可惜的是我们的建筑师基本属于"沉默的大多数"，不甘寂寞者也基本是在自画自说。

平台大、能力强的建筑师做着"高大上"的设计，这些项目基本是政府投资的大型公共建筑，诸如博物馆、体育馆、大剧院之类的，基本都是地标性的建筑。平台小"有追求"的建筑师做着"小清新"的设计，这类项目规模基本不大，类型大

杭州西溪艺术集合村

体以"艺术村"和"休闲会所"为主，业主对时间和成本要求很少，建筑师实现自我的空间很大，完成后也的确有着丰富的空间，精致的细部。只是无论是"高大上"还是"小清新"的项目比重都是很少，而且受土地属性制约，其实也一样的不接地气。从事这两类设计的建筑师基本都是明星建筑师，绝大多数建筑师从事着大量的重复性的制图工作，大量的快速建造并没有使得他们获得更多的"实践经验"，繁重的工作和紧张的节奏使得多数人在出图后根本没有时间和精力去施工现场，即使去现场也是蜻蜓点水一般。可是他们内心里却很想成为前两类那样的明星建筑师——那才是他们的榜样，甚至是评判他们设计好坏的"业主"。在不接地气的大环境下想把普通建筑设计好真的很难，这样的处境不仅仅是建筑师所面临的，在文学、影视及书画等创作领域不也是面临着同样困境吗？

在这个消费主义至上的时代，按理建筑师应该对工程造价很敏感才对，可实际情形是绝大多数建筑师对工程造价十分的无知和麻木，看看那些夸张怪诞的造型、动辄进口石头敷面的材料吧，在建筑师潜意识里都认为自己的设计会用上世界上最好的材料和建造技术，他们根本不清楚四千元每平方米和五千元每平方米造价到底会对设计品质影响有多大，因为开发商对施工组织、材料价格和工程进度等方面的了解和如何节省控制成本远远超过大多数建筑师，而政府投资的建筑基本都是先有个总投资才开始做设计，而且这个总投资往往是可调整的，甚至调整幅度很大。

建筑师设计完成出图后甲方都很有自己的主见，经常会随意改变材料及色彩等，何况他们认为自己已经是在出钱实现建筑师的想法，长此以往建筑师在这方面的能力就缺失了，所以我们常常会看到不少用大牛刀杀小鸡的设计方案，也许只有当建筑师自己买房和装修后才多少能体会到造价与品质的利害关系。当下的建筑师特别在意自己的创意，真可谓"语不惊人死不休"，至于如何将这些"创意"落到实处，不少人既没这方面的能力和经验，甚至连这方面的意识都没有。

（五）为什么研究中国建筑

从晚清到民国，在国家存亡之际，民族如何能自强复兴，可以说是中国几代知识分子的压倒性追求，他们在文化上有不同策略——极端激进的反传统和"整理国故、再造文明"的复兴传统诉求。在此大背景下，梁思成却要为中国建筑从无到有创立一部属于自己的历史，尽管他的民族主义立场、研究范围和采用方法现在来看都值得商榷，但是他的紧迫感和焦虑是真切的，以至于后来在拆除北京城墙时他有被"抽筋扒皮"的感觉。如果说在国家和民族存亡之际，还要为中国建筑争取文化身份的认同和延续传统显得有点虚诞，那么在1951年他发表的《我为谁服务了二十余年》现在来看则很荒诞，他不惜自污其身甚至否定了父亲的教诲，如此对新政权"卑躬屈膝"是大势所趋还是心存侥幸要为中国建筑的发展谋得一席之地？

梁思成在1944年写了《为什么研究中国建筑》的文章，他的提问至今还没有得到很好的回答。他为保护传统建筑和延续文化而呐喊，可是北京城墙被拆，几年前他的故居也被拆，这些年来我们拆除的东西实在是太多太多。一个有着几千年历史与文化延续的民族，在当下的绝大多数城市却很少能找到具有四五十年历史的房子，我们现在不仅面临着"为什么研究中国建筑"的问题，还面临着拿什么来研究中国建筑的问题，在这样的城市现状中我们经常指责来华做设计的西方建筑师不懂中国建筑文化，可谓自欺欺人。梁思成在文中写道："世界各国在最新法结构原则下造成所谓'国际式'建筑；但每个国家民族仍有不同的表现。英、美、苏、法、荷、比、北欧或日本都曾造成他们本国特殊作风，适宜于他们个别的环境及意趣。以我国艺术背景的丰富，当然有更多可以发展的方面。"他提到的这些国家都早已是发达国家，也是我们为之努力的目标，在当下所谓国际文化多元大融合的时代，中国建筑的"一元"何在？如果中国建筑师有更多的机会去国外执业，那又该如何把握他国文化精神并且还能不失自我？不夸张地说目前我国东西部的经济、文化、气候和生活习惯的差异甚至不亚于美、英、法、德、意等国家之间的差异，我们城市建筑在国内又当如何体现出不同地区的特色？韩国将"端午节"申遗了，现在又要将"火炕"申遗，这虽然接近闹剧，可如果他们下一步要将建筑的"大屋顶"申遗，中国建筑师及民众又会做何感想？

在"大屋顶"难以为继和民居"凋零"的处境下，我们的建筑师似乎抓住了西方现代建筑的核心——空间。不少建筑师和学者特别热衷于园林研究，诗情画意、流动空间、天人合一等使得园林简直成了中国建筑的另一根救命稻草，几次去苏州园林，里面到处都是人，导游的解说此起彼伏，在这样的环境中所谓的诗情画意荡然无存。我们对园林的钟情某种程度上也是来自西方建筑的"投射"，如同当年第一代建筑师研究"大屋顶"一样，因为我们觉得传统园林"超越"了西方建筑——西方现代建筑的精髓不就是流动空间吗？何况我们园林除了流动空间还有人文情怀，甚至达到了天人合一的境界。

个人认为西方现代建筑的流动空间基本前提是先有一个较为匀质的大空间，在此界定内流动空间才有意义，而我们传统园林的空间虽然有围墙作为限定，但是却没有"屋顶"的界定，各个空间虽然连绵不断，但是跳跃性较大，如同诗词中"小桥流水人家"呈现的片段意象。如果将传统园林作为一种文化来研究无可厚非，而且很有必要，浸润其间也一定会对建筑师的修养和设计有所影响与改变，但是如果试图以此研究来为中国建筑寻找"出路"，那简直又是缘木求鱼。姑且不说我们的土地资源是否能承受园林式建筑，即使传统园林处在高楼林立的环境和车水马龙的噪声中，园林就不成其为园林，如果说梁思成研究中国建筑存在着"立面的误会"，那么当下不少建筑师研究传统园林是不是也存在着"空间的误会"？

20 世纪初，西方流行的折中主义建筑可谓是现代建筑诞生前的阵痛，第一代建筑师无论学习还是实践更多的是把阵痛当作了新生。改革开放之初，我们又把后现代建筑的阵痛当作了一次新生，以至于"大屋顶"再次抬头，现在来看因为时空错位我们对西方建筑产生了极大的误会，但那时彼此还有共同之处——都还在搞建设，而当下西方发达国家已很少建造房子，我们却成了全球的最大工地，也成了西方建筑师的最大甲方，如果我们都没有弄清楚自己想要什么样的城市和生活状态，无论靠西方还是本土的建筑师都解决不了这个根本问题，因为建筑师无非是在用自己的专业能力参与改变生活，而不是也不可能为他人创造生活。

也许是城市迷失了自我，城市就成了"奇观建筑"的实验场，也许是个人迷失了自我，我们就成了全球奢侈品的最大消费国，只是不知道这些"奇观建筑"和奢侈品给我们带来的是文化和身份的认同还是更大的迷失？

不知道我们真的是迷失了自我还是价值观崩溃，我们似乎只有从外来的和自上而下的认可中才能确定自己存在的价值。张艺谋、陈凯歌、姜文等先后在戛纳、柏林及威尼斯获奖，莫言获得诺贝尔文学奖，王澍获得建筑界的普利茨克奖，大众觉得似乎只有这些顶级奖项才能奠定他们的大师地位，也从而使得自己感觉很有面子和自豪感，不知道我们自豪的是大师们所代表的文化本身还是大师终于得到西方认可的这件事？不夸张地说我们在不知不觉中臆想了一个"西方"，这个"西方"不仅有有形的城市建筑和文学影视作品，还有无形的价值观，只是这个"西方"会让真正的西方人都觉得陌生和滑稽，如同我们大学英语四、六级的考试一样。

伊东忠太当年欲借日本建筑之根来反驳西方建筑师的偏见，我们是不是可以从日本建筑现代化和几代的建筑师传承中得到更多的启示？与其臆想一个"西方"，还不如弄明白自己。可惜"五四"以来，我们对自己的传统文化有着截然不同的评价，当我们面临着非此即彼的纠结和煎熬时，是否可以看看"别人"对我们的看法和研究，李约瑟、费正清、高居翰、史景迁、雷德侯等西方汉学家不必说，侨居海外的夏志清、余英时、许倬云、唐德刚、黄仁宇、巫鸿等人研究成绩也为东西方学者瞩目，这些不同身份的学者和不同角度的研究，不仅仅是为了一个民族和国家做出什么贡献，而是这些研究成果必将对世界文化的丰富性与差异性会有一份特殊的贡献，中国建筑既是我们传统文化重要的组成部分，也是我们当下生活不可或缺的组成部分，当然也应该有所作为。

如果说当年梁思成那代建筑师及学者是为了"赶上"西方，当下随着国家崛起应该就是为了"超越"西方，可是一个国家如果没有自我的认同和方向又何谈超越别人呢？我们除了输出中国制造外还能输出什么样的特色文化与价值观呢？西方可以是我们发展的参照，但不应该是也不可能是我们的最终目的。具有讽刺意味的是我们在北京故宫不远处选择建造了巨蛋形的国家大剧院，与此同时，在上海陆家嘴却由境外建筑师设计完成了极具中国传统意味的金茂大厦，一个世纪多以来，"大屋顶"没有能承载起中国现代建筑的期冀，而世博会的国家馆竟然被设计成一尊硕大无比的斗拱！难道屋顶下面的"斗拱"会有如此的潜力？看来"大屋顶"误人不浅，掩盖了多少有价值的东西。

阿兰·德波顿在《幸福的建筑》一书的中文版序言结尾写道："你只有在弄清楚了中国想要成为什么样的国家以及她应该秉持什么样的价值观之后，才有可能来讨论中国的建筑应该是什么样子。"我很赞同他的观点，于是将这句话作为本文的结尾和思考建筑的起点。

上左：国家大剧院；上右：世博会中国馆
下：上海金茂大厦

天下何以大白

去年秋天在上海参加一个关于"建筑材料语感"的高峰论坛，现在的论坛很多，但基本都是讲的讲听的听，鲜见有坐而论道者，至多留出若干分钟给听众象征性的提几个问题就算是"论坛"了。不过这次论坛给我的触动多少还是有的，因为台上的人基本都是建筑界功成名就的大腕，能分享他们在建筑创作中对材料的具体运用和"创作花絮"亦是幸事。

印象很深的是一个主讲人提到："千万不要像农民那样把好好的房子非要贴满白瓷片，最后弄得像个公共厕所……"台下听众皆会心地哄堂大笑。这真的很好笑吗？父亲在老家盖房子，正面就贴上了白瓷片，只是侧面没有贴——那更多是为了省钱考虑。我很纳闷为什么农民非要选择白瓷片？贴满白瓷片的房子就等于公共厕所吗？白瓷片连同农民又何以为建筑师和知识分子所嘲笑？台上的人没有讲，我只能靠自己来解惑了。

那是我读小学二年级的时候，爷爷安葬，我披麻戴孝地跪在刚刚堆起的黄土坟边，和父亲年龄差不多的人将铁锹戳在黄土里抽烟闲聊。"军生也回来了啊，说说你在西安干活的新鲜事让大伙开开眼界！""新鲜事多了，就说那公共厕所吧，狗日的全贴满了雪白的瓷片！里面还有人不时地擦洗，比咱家的灶台干净多了，花了五分钱进去硬是尿不出来，后来还是在外面墙角解决的。""真的假的啊？你娃也太没出息，咱去西安一定要尿它一回……"随后的笑声就夸张的在新坟边响起。随后的几年不少亲戚邻居率先用白瓷片贴上了灶台，灶台的粗瓷碗都换成了"细碗"（我们那对白瓷碗的叫法），后来有钱人盖房也会在房子正面甚至侧面贴上白瓷片。

　　我不知道自己记忆是不是可以给对白瓷片与农民的嘲笑一个解释，最早进城的农民其实并没有被高楼大厦所折服（20世纪 80 年代初期城市的楼现在看都是矮子），但是他们却深深地被公共厕所的白瓷片刺激到了，他们无法走进城市人家里，但从厕所的白瓷片里他们感受到了城里人生活的丰富多彩，以至于多年后还在坚持着对"白瓷片生活"的憧憬，可惜这来自厕所的憧憬多年后却被城里人和文化人所耻笑。前两年杭州对八十年代建造的旧房立面改造，我才发现这些旧房相当一部分都贴满了白瓷片，只是因为积灰污染没有农村白瓷片那么显眼罢了，改造后的旧房立面是在原来的白瓷片上直接贴了一层灰色的黏土质面砖，就营造出了所谓的"江南文化气息"。

　　建筑材料随着人类实践的能力与审美一直在演变，材料自身能形成一种语言吗？以本人之判断，材料自身的"语言性"很弱，这从不同的人对"白瓷片"的态度就可以看出端倪。柯布西耶当年用清水混凝土被划为"粗野主义"，极具冲击力与先锋性，而安藤忠雄做法考究的清水混凝土，典雅、精致，颇有禅意，城市随处可见的高架路即使在建筑师眼里只是结构需要，甚至都忘记这也是同出一门的清水混凝土。基于对"材料语言"零碎的思考，近来翻阅了史永高先生写的《材料呈现》一书，启发和触动还是不小，尤其是书中对"白涂料"的论述让我不自觉地联想到了上文写到的"白瓷片"。史先生在书中很是推崇现代建筑早期的建筑师森佩尔，恕我无知，之前对森佩尔仅知其名，从本书的论述中才知道森佩尔对现代建筑贡献之大，也才知道我们正统教育之偏颇；该书还花不少篇幅论述了路斯的理论与作品，这让我也大为汗颜，在学西方建筑史时只记住了路斯的那句"装饰就是罪恶"，现在来看完全是断章取义和生吞活剥；关于对柯布西耶及其作品的论述还是熟悉的，但是把这三个人放在一起前后关联着来看很有点意思。

森佩尔 1803 年生于德国汉堡，他大学起初读的专业是数学，只是没有读完就于 1825 年在慕尼黑学习建筑，次年因为一场决斗而离开德国赴巴黎继续学习建筑。他于 1830 年 7 月出发，历时三年考察了希腊及其他地中海沿岸的彩饰文物和建筑，在 1834 年出版了关于彩饰理论的论文《古代彩饰建筑与雕塑之初探》，他一直坚信对于希腊的艺术思想来说，色彩一直是最为重要的因素，根据他的"面饰的原则"，他认为建筑的本质在于其表面的覆层，而非内部起支撑作用的结构，这凸显了他对于空间的社会学关注和人类学层面的思考与观察。今天看来，

森佩尔设计的
德累斯顿皇家剧院

他对于后世的影响多源自他的理论著述，而非建成作品，相反文艺复兴式的立面几乎主宰了他的主要建筑创作。

阿道夫·路斯 1870 年 12 月出生于布尔诺，在 20 岁进入德累斯顿综合技术学院学习，半个世纪前森佩尔在此任教，这使得他深受森佩尔的影响。1893 年他在学业未能结束情况下，先后赴芝加哥，随后又游历了费城和纽约等地，期间断断续续做了一些零工糊口，三年后路斯途径巴黎和伦敦，回到维也纳。在 1908 年他发表《装饰与罪恶》一文，认为装饰是一种文化上的退化，也认为外加装饰是不经济且不实用的，所以装饰是不必要的。另外在路斯的文化批评中，服装占据了很大部分，他认为建筑就是一件衣服，但他坚决反对把建筑等同于时装，或者以时装的观点来看待建筑。

路斯代表作之一的米勒住宅外形是一个通体洁白的长方体，但它完美地体现了路斯的划时代的"空间体量设计(Raumplan)"思想，这个长方体内空间和材料的丰富程度却与外观给人的感受截然相反，这正如他在 1914 年的一篇文章中写道："（居住）建筑不必向外界言说这是传达什么，相反，其

路斯设计的米勒住宅外观　　　　柯布西耶设计的萨伏伊别墅

所有的丰富都必须展现于室内。"白墙的沉默与内部的对立分裂正是现代都市生活中"精神分裂症"的写照。路斯用自己的建筑对他所处的时代做出了回应：既不像浪漫主义者那样渴望回归到前工业时代的田园牧歌，也不像现代主义者那样憧憬着一夜之间建立起乌托邦。这似乎是一种革命不彻底的改良措施，而受到他巨大影响的柯布西耶却成了现代建筑的旗手。

　　柯布西耶1887年10月出生于瑞士，1917年定居法国，他没有在学校正式的学习过建筑，但他也在二十多岁到中欧与东方游历，古希腊帕提农神庙的几何形体在地中海明媚的阳光下形成的强烈阴影让他终生为之着迷，游历的见闻与印象持续深刻地影响着他后来的建筑创作。路斯对柯布西耶的影响也是巨大的，在1920年他创办的《新精神》杂志的第一期上就重新刊印了路斯的《装饰与罪恶》，他在1925年发表的《今日之装饰艺术》中有不少观点可以看作是路斯观点的发展与延伸。以至于1929年，路斯在一次谈话中曾这样说："柯布西耶的建筑中是有一些好东西，但都是从我这里偷去的。"

柯布西耶在他的《走向新建筑》中强调机械的美，高度赞扬飞机、汽车和轮船等新科技结晶，认为这些产品的外形设计不受任何传统式样的约束，完全是按照新的功能要求而设计成的，它们只受到经济因素的约束，因而更加具有合理性。他提出了"住宅是居住的机器"的口号，更是发出了"建筑还是革命"的呐喊。建筑是否能代替革命姑且不论，建筑自身的革命是势在必行了。尽管柯布西耶见到过森佩尔也曾经到过的希腊，不知他是对希腊建筑色彩的"无知"还是有意的误读，他眼里看到的却只有白色和光影，而且这白色和光影相对于路斯的建筑来说更为纯粹，因为这是内外一致的洁白。他在《今日之装饰艺术》的文集中写道："每一位公民都要卸下帷幕和锦缎，撕去墙纸，抹掉图案，涂上一道洁白的雷宝灵（Ripolin 是一个墙面涂料的品牌，在当时的法国很有声望，应用也最为普遍）。他的家变得干净了，再也没有灰尘，没有阴暗的角落，所有的东西都以它本来的面目呈现。"白墙于此已不再仅仅是一种视觉形象的偏好，而是超越了经济性和技术性的考虑，成为社会公正与平等的象征。1928 年完成的萨伏伊别墅完美地诠释了柯布西耶的新建筑五点宣言，并且也充分体现了他对森佩尔的"面饰的原则"与路斯的"空间体量设计"思想的继承与发展，而且柯布西耶将建筑创作进一步导向城市规划和对社会性问题的解决，身处现代建筑狂飙时代的他某种程度上也是个社会活动家。

从森佩尔文艺复兴式的立面，到路斯的表里不一，及至柯布西耶的内外皆白，我们能较为清晰地看到他们内在的关联变化以及对建筑学自身的建设性贡献，只是这不仅仅是个人思想的进步与转变，可以看出大的社会环境对建筑师的影响与制约，也可以看出技术进步对建筑实践活动的支撑，还可以看出人们对经济、效率与速度的追求。现代建筑最终让天下大白，"白色的火柴盒"是大众对它们直观的描述。作为现代建筑旗手的柯布西耶却不时地华丽转身，马赛公寓、朗香教堂、昌迪加尔等作品诞生让其追随者茫然无措。是什么让他不再忠于白色与"火柴盒式的机器"？1965 年 8 月，柯布西耶在大海中游泳时因心脏病突发逝世，与此同时现代建筑也迈进了晚期，后现代建筑随即粉墨登场了。时至今日，建筑界似乎很难再用什么流派和主义来划分，光怪陆离的表象却掩盖不住背后的空虚与无力，只是图像化的建筑和建筑的图像化呈现进一步消解着建筑的物质性，图像化的丰富多彩在某种程度上反而比"白涂料"和"白瓷片"更加苍白与贫乏。

因为项目原因，经常来往于杭宁高速，有意思的是浙江这边的农民房都是白瓷砖琉璃瓦尖顶，并且顶部装有隐喻"东方明珠"的不锈钢球和缩小的"埃菲尔铁塔"，而江苏境内的农民房基本都是传统的粉墙黛瓦硬山坡顶房，只是近来墙面被统一刷白了，在桃红柳绿油菜花金黄的三月，那白墙显得格外亮丽。仅从表面材料和形式来看我们不能武断地说"粉墙黛瓦"就比"白瓷片"有文化，从而就开始褒扬和贬低，我在各种场合不止一次的听到建筑师和文化人对浙江农民房的嘲笑，也许他们有一千个嘲笑的理由，但却没有一个建设性的意见与举措。

　　材料传达的是建筑与人的故事，是有内涵的，当它脱离了必要的内涵就成了简单地堆砌与粉饰。森佩尔、路斯、柯布西耶对白色材料的解读与运用倾注了他们的情感和期待，包含着现代建筑在那个时代的故事，所以显得精彩纷呈，而那些"白瓷片"上何尝没有农民对更美好生活的期待和寄托呢？

　　现代建筑之后的世界，速度与效率明显的高了起来，同时也带来了巨大的力量，只是这力量的指向常常让人迷茫。城市人花了一个多小时驱车赶到工作地点，却找不到属于自己的停车位，下班了，透过高楼的窗户可见马路上汽车尾灯排起的长龙，不知道驱车赶回住处的人能否在点点灯火中找到属于自己的家？

南京博物院八十周年感怀

2013 年 11 月 6 日南京博物院改扩建竣工典礼，恰逢建院八十周年，自 2006 年夏初第一次参与该项目算起，迄今已近八年，也算人生一大幸事，11 月 7 日晨，自南京返杭，高铁窗外秋意正浓，即兴草就。

南京博物院

龙蟠且虎踞，大江天际流。六朝繁华去，空余石头城。

城墙尚蜿蜒，青砖字漫漶。旭日耀东门，门号叫中山[1]。

余晖染层峦，峦峰曰紫金[2]。东边半山园，荆公退隐地[3]。

中央博物院，蔡公首倡议。兼容又并包，化民以美育[4]。

建国大方略，推崇民族风[5]。才俊西学成，毕至展宏图[6]。

夺魁徐敬直，师法明清样[7]。梁学贯中西，精研法与式[8]。

莫道书生痴，骑驴走山西。伉俪探古迹，自将认前朝[9]。

梁公深虑之，改为仿辽式。佛光尚未识，辽式尤豪劲[10]。

堪比文艺兴，梁心寄深意[11]。枪声惊晓月，战火起连绵[12]。

三馆仅成一，国宝大辗转。屋顶瓦未铺，难映星光寒[13]。

及至共和国，展馆方启用。红砖清水墙，金瓦琉璃顶[14]。

九十年代初，物华天宝成。新旧呈犄角，貌合路难通[15]。

老馆漏又裂，不堪大用场。煌煌博物院，国宝难见天[16]。

全面改扩建，迫在眉睫急。招标五六轮，历时两年余。

方案三四十，各有百千态。业主谨又慎，始难意专一[17]。

一院两院士，同台献良策。程公胜一筹，补白出新意[18]。

大殿抬三米，高屋好建瓴。勾连新与旧，兼顾上和下[19]。

庭院共天窗，总计十六处。光影随时移，空间任意游[20]。

金镶玉汝成，宝藏其中。六馆合一院，精彩各纷呈[21]。

五年如昨日，往来杭宁间。惯看星月明，常喜草木荣[22]。

悠悠天与地，岂随意兴衰。建筑遗憾事，得失寸心知。

305

注1：南京博物院东边紧邻明城墙，此处原为朝阳门瓮城。1928年（民国十七年），国民政府为迎接从北平南下的孙中山灵柩，兴建中山大道时，将原朝阳门瓮城拆除，修造三孔拱形砖门，并在门洞上嵌"中山门"的题字石额。

注2：博物院北面不远处为紫金山，峦峰形成了老大殿的背景。

注3：王安石晚年隐居地位于今博物院东北方向，因其距当时城东门七里，距紫金山亦七里，恰为半途，因而王安石将宅府命名为"半山园"，他晚年亦自号"半山"。

注4：1933年4月，以蔡元培为首的文化教育届人士倡议创建一座国家级的现代博物馆，选址为南京，即为中央博物院，也是南京博物院的前身。蔡先生毕生不遗余力地倡导美育，认为美育不但可以辅助德育的完成，而且可以促进智育的飞跃，他曾在文章中写道："美育之在学校，可通过音乐、图画、游戏来实现，在社会，则通过博物馆、美术馆、剧院、公园来实现。"

注5：1929年，南京国民政府的《首都计划》和上海《市中心区域规划》中明确提城市建筑设计要考虑传统建筑的复兴，并以"中国固有式"命名。

注6：1935年，中央博物院建筑委员会邀请李宗侃、李锦沛、徐敬直、杨廷宝、童寯等13位留学回国的建筑师送设计图参选，并由梁思成、刘敦桢、杭立武、张道藩及李济5人组成审查委员会。

注7：徐敬直的方案中标，为响应"中国固有式"要求，建筑设计风格为明清官样式。

注8：梁思成于1931年进入中国营造学社工作（任法式部主任），并于1932年著成《清式营造则例》手稿。

注9：梁思成与林徽因等人先后踏遍中国十五省二百多个县，测绘和拍摄二千多件唐、宋、辽、金、元、明、清各代保留下来的古建筑遗物，由于许多地方交通不便，经常采用马车、牛车甚至毛驴作为交通工具。

注10：梁思成作为建筑顾问在博物院方案深化时以《营造法式》准则，并且以蓟县辽代的独乐寺为参照，将原设计的明清官样式建筑风格改为了仿辽式，因为当时唐代的佛光寺尚未发现，梁认为仿辽式相比明清式更为"豪劲"，也反映了当时民族文化复兴的心态。

注11：笔者推测梁思成受到留学的影响，行事特别讲究理性与科学，他以理论研究和考古测绘为基础，对博物院老大殿风格的修改正是基于此展开，欧洲文艺复兴的建筑设计与建造也正是按此展开的。

注12：1937年7月7日，日本在卢沟桥发动对华侵略战争，抗日战争拉开序幕。

注13：1937年7月抗日战争全面爆发，博物院被迫停工，筹建的自然馆、人文馆及工艺馆中仅人文馆主体建成，并且屋顶的琉璃瓦尚未铺砌。直到抗日战争胜利，于1946年开始继续建设，后到1948年4月第一期工程及附属工程才基本竣工。在内忧外患的战乱年代，1933年2月百万国宝大迁徙，颠沛辗转于北平、河北、河南、安徽、江苏、上海、湖北、河南、贵州、陕西、四川等省市。1945年8月抗日战争胜利，次年北平和南京的西迁古物全部集中到重庆，主要从水路东返，于1947年底全

部运回南京。由于内战旋即爆发及国民党败退台湾，1948年12月至1949年1月，北平南迁古物约60万件分三批被运往台湾，后来成为台北故宫博物院的馆藏主体。剩下古物中的近20万件在新中国成立后，于1950年、1953年和1958年分三次运回北京故宫博物院，至今仍有20多万件南迁古物留在南京，大部分保藏在南京博物院。

注14：1950年3月9日，经文化部批准中央博物院更名为南京博物院，政府拨款对建筑作整修、增建，屋顶的琉璃瓦和月台栏杆等工程陆续完成，正式投入使用，只是建筑外墙材料因为经费限制采用了清水红砖。

注15：1995年艺术馆扩建开工奠基，1999年9月正式开馆，主楼正中悬有"物华天宝"的牌匾。艺术馆布局与历史馆呈45度鳞角状布置，虽然新建建筑沿袭了老建筑的风格，但是各自月台独立，相互联系不便。

注16：由于老馆年代久远，墙体及屋顶多处开裂，加上规模有限，博物院大量的藏品只能展出很少部分。

注17：2006年3月，博物院二期工程办公室组建，并于7月进行第一轮国际招标，由于业主对征集方案均不满意，截至2008年5月先后通过数轮招标征集到30余个方案。

注18：2008年5月，业主邀请程泰宁院士与何镜堂院士参与最后一轮招标征集方案，最终选定程泰宁院士团队提交的方案作为实施方案。程院士对项目的构思理念为"补白、整合与新构"。

注19：由于场地高差原因，从博物院主入口到老大殿月台有三米高差，实施方案对老大殿做了抬升三米的处理，在基本不影响老大殿与紫金山天际线的前提下，实现了对场地环境、地上地下空间、交通组织以及抗震加固的综合处理。

注20：扩建后的博物院地下室面积达3.2万平方米，整个方案设置16处天窗于下沉庭院，极大地改善了地下空间的通风与采光效果。

注21：二期工程结束后，博物院形成了历史馆、艺术馆、民国馆、特展馆、非遗馆与数字化馆"六馆一院"的格局，并且一部分功能可以晚上开放。开馆以来每年观众约260万人次，博物院成为整个城市的休闲文化客厅。

注22：笔者作为本工程的第二项目负责人，除了具体设计工作外，从2008年中标以来一直负责项目的对外衔接及施工现场问题处理，五年以来经常往来于南京与杭州之间。

象形与形象

—— 漫谈当下建筑界的乱象

应该拜奥运、世博所赐，我们这个号称世界第一大的建筑工地终究"实验"出了几个标志性建筑，建筑师当仁不让地走出了后台，甚至成为明星，何况其中还真的有人拿下了世界建筑界的"诺贝尔"奖。按理应该种瓜得瓜，种豆得豆才对，只是在这个连亲子都需要用 DNA 鉴定的时代，谁敢保证豆非瓜生？

"继央视'大裤衩'、苏州'秋裤楼'、杭州'比基尼'、深圳'超短裙'、抚顺'节育环'之后，湖州'马桶圈'又起来了，一波又一波得益于厕所创意的建筑就这样突兀地出现在公众面前，之所以设计师如此大胆创意，一方面是对西方建筑的无限崇拜，另一方面就是追求所谓中国首创、中国唯一的外形专利，想申报世界十大著名建筑……"这是我在浏览网页时看到的一篇"奇文"，文章标题叫作《建筑标新立异何时休？马桶圈来了，尿壶还远吗》。看来我又 OUT 了，或者当局者迷，鄙人身为建筑师，热天只知道"大裤衩"，最近天凉了才知道"秋裤"，当然还知道"洋芋""马铃薯"就是"土豆"，至于什么"超短裙"

真是孤陋寡闻了，受好奇心所驱，于是逐一查找这些"厕所创意"对应的建筑，才发现这些玩意之前自己多少还是知道的。这真可谓庄子论道，每下愈况，没想到这些建筑竟也能修得正果，得道于便溺之间了。

曾几何时，街上的建筑被人骂得灰头土脸，"火柴盒"成了它们专用与集体的名字，大抵是物极必反，当下谁还见过真正的"火柴盒"？现在满街的建筑都摆出了"芙蓉姐姐"的姿势，看客们作呕、反胃、假寐、起哄围观，甚至不甘寂寞者也戏仿一下，其实"芙蓉"之成名不在自身，而得益于其下的"污泥"尔。虽然时过境迁，但是却愈发的敬佩起鲁迅先生，他不是早说就过"一见短袖了，立刻想到白臂膊，立刻想到全裸体，立刻想到生殖器，立刻想到性交，立刻想到杂交，立刻想到私生子"，如此下去莫说建筑离"尿壶"不远，恐怕成为人妖也是指日可待。

我们的文字主要造字手法之一为"象形"，《说文解字》对此解释是："象形者，画成其物，随体诘诎，日月是也。"也就是说描摹实体的客观外形很重要，久而久之"象形"就成了"形象"乃至"象征"。辞典对"形象"的主要解释为"能够引起人的思想或感情活动的具体形状或姿态；指描绘或表达具体生动"，也许因为长期受着这些"糟粕"文化的影响，我们实在难以做到"看山是山"的心境，我们从山川形象中能看出牛马羊骆驼乃至仙人走兽，还能看出龙脉走向朝代兴衰，最终的结果是"是什么"不重要，重要的是"像什么"。

在传统习俗中，杨柳、石榴、花生、鲤鱼、蝙蝠……都有着一定的象征意义，这象征意义除了用谐音体现外，也离不开这些事物自身的"象形"与"形象"，在年画、剪纸中这些事物也是常见元素。而文人骚客眼中的梅、兰、竹、菊也就不仅仅是客观的植物，还有那瘦、透、漏的太湖石与温润晶莹的蓝田玉更不是什么顽石，它们都被极度的"形象"化处理与运用，用来代表、象征着"君子"精神，这些东西虽为自然，实被"人化"，也算应了那句"虽为人造，宛若天成"。为什么这些事物的形象与象征一直为人们所认可与流传？而今天的建筑形象在老百姓眼里却只有与"厕所"为伍的份？我以为这些事物是那个（农耕）时代的基础，其本身习性与象形对大多数人来说再熟悉不过，这样才有了"象征"基础，而当下的这些"形象工程"的象征基础又是什么呢？又到底能"象征"什么呢？有道是指桑骂槐，桑又何罪？建筑经常莫名其妙地充当了"桑树"。

　　再看这篇关于"马桶圈"文章："奇形怪状的地标建筑层出不穷，不敢妄断会创造出什么神奇，至少不会是普通公众欢迎。公众不懂设计师的高深，不懂这些建筑物的寿命会青春几何，他们只能从表面形状来评判，借机表达自己对这些建筑存在的满或不满，表达某种失落或者不在乎的情绪，剩下的都将会由时间给出裁判。在等待的时间长河里，谁能理解城市的茫然？"从这段话里我只看出了建筑的无能无奈无言与无辜，历史虽然可以任人打扮，但是还可以随时随地的变化被反复打扮，而"建筑是凝固的音乐"，一旦被发出不和谐之音而且已经凝固，几十年如一日如何叫她不茫然，也许集体失忆是治疗茫然的良药？大家有情绪不假，建筑就成了"借机"树立政绩的"形象工程"，继而又成了被人言说的靶子甚至是出气筒！前文说道"设计师如此大胆创意"造成了"马桶圈"的建筑形象，看来这位作者虽旁观却未必清，他也太抬举设计师了，名为"丹青"的海龟教授在堂堂清华大学尚且不能描绘蓝图，何论那些常常加班到半夜的绘图员呢？

　　当下建筑设计界与媒体方面对建筑的评说已无什么"形象"可言，有的只是热闹的乱象。东施效颦示为不美，一直为后人耻笑，今天的现代建筑来源于西方，"西方"到底是不是"西施"？即使是"西施"，到底值不值得我们效仿又该如何效仿？纵观西方建筑史，西方古典建筑中也有着诸如我们古代建筑中"斗拱"一样的符号，那就是古希腊古罗马

311

中国传统建筑斗拱

西方建筑典型柱式

建筑中的"柱式",学过建筑史的人没有不知道多瑞克、爱奥尼与斯塔干柱式的,不夸张地说离开这些柱式就没有了西方古典建筑,传统的西方建筑其实也是很"形象"的,不但有着古典柱式,还有着各种题材的绘画与雕塑,这些题材的象征意义其实与我们梅兰竹菊可谓异曲同工。

西方文艺复兴在建筑界最大的特点之一就是对古典柱式的发掘与运用,因为这些柱式不但象征着古典文化,而且蕴含着理性精神,这也成了新兴资产阶级对抗封建统治与宗教神权的有力"武器"。为什么西方现代建筑会另起炉灶而"抛弃"了这些柱式呢?我以为这是因为文艺复兴时资本主义刚刚萌芽,社会生产力发展与古代社会相比尚没有质的变化,就建筑来说,其无论设计思想还是建造手段与材料都与古代没有多大差别,所以古典柱式可谓"生逢其时",而到了近现代时期,随着产业革命的兴起,生产力飞速发展,城市成了人们生活的中心,这时无论是普罗大众对建筑的认识与需求还是建筑自身的建造手段与材料都发生了翻天覆地的变化。尽管古典柱式依旧蕴含着理性精神，而且产业革命兴起也依赖于理性觉醒，但此理性非彼理性也，在建筑中表现为机械力取代了人力与兽力，钢筋混凝土取代了石头木头，试想那些石头柱式依附在摩天大楼上或者把柱式直接放大成为摩天大楼会是什么情景呢？且不说建筑自身，就是与现代建筑匹配的雕塑也发生了变化。华裔建筑大师贝聿铭喜欢在建筑中摆放雕塑，他早年在费城设计的大厦中运用了一个古典的具象雕塑，他发现古典具象的雕塑与尺度超大、形体简洁的现代建筑放在一起显得很不协调，至此他设计的建筑摆放的雕塑都是抽象的，最为出名的是他和亨利摩尔合作的华盛顿美术馆东馆前的雕塑。

现代（抽象）取代古典（形象）的建筑设计与建造是工业化大生产社会的必然趋势，因为这是其自身特性所决定的，只是这在西方建筑演变中显得相对比较自然，其实他们在不同时期也有着各种风格与思潮相互对抗与修正。随着工业化大生产的推进，导致了城市生活和社会结构的改变，从而带来了新的社会思潮，引起审美的变化。先有威廉·莫里斯和约翰·拉斯金倡导的工艺美术运动，后有以亨利·凡·威尔德为代表人物的新工艺美术运动，他们对由于机械化、工业化大批量生产造成的设计水平下降感到痛恨，认为速成的工业产品外形简陋，做工粗糙，跟传统的美的原则背道而驰，他们主张从社会学和美学的角度去反对机器生产，鼓励大批

313

艺术家参加手工艺创作，在艺术上重现了传统文化和田园牧歌式的情趣，这对西方现代建筑也产生了积极深远的影响。据说当莫里斯在 1851 年伦敦水晶宫世界博览会看到粗制滥造的建筑和工业产品时，他对工业化造成的丑陋结果感到震惊和极其厌恶，竟然放声大哭！现在来看这些运动起到了承上启下的作用，是西方古典主义与现代主义运动的有机衔接。反观我们当下的建筑设计处境，不光有着东西方之间巨大的文化差异，而且还存在着时间的严重错位，试想华盛顿、拿破仑复活看到今天西方的城市景观也一定"当惊世界殊"。当下我们一边使用着"苹果"系列产品，无间隙的接受着世界各方的信息，但却喜闻乐见的观看着海量的戏说历史剧，在建筑设计上"斗拱"简直成了诺亚方舟，我们把它放大再放大，只是我们的彼岸到底在何方呢？

　　本人参与设计过一个地级城市的博物馆，中间过程去给当地领导汇报，满满一屋子领导啊。大领导开场白高屋建瓴的说：你们要把博物馆设计成如同"鸟巢"那样的建筑，将来建成后要吸引全国各地的人来参观。还没有开始汇报我就崩溃绝望了，就是我成为冠希哥芙蓉姐的合体也没有这个能耐啊，再说这位领导眼下是当地的老大，可他能做到建筑落成让国家元首来剪彩并且在央视长期作为背景循环播放吗？我再三淡定情绪后开始汇报，我们设计前对"当地文化"进行了突击"挖掘"，提交了不同方向的几个方案，其中一个方案以湖边静卧的"石头"为意象，另一个以当地盛产的"莲花"

为意象。我的介绍刚结束，领导们很亢奋，纷纷发言，其中一个说你们创意真不赖，不过还不到位，齐白石是我们市的人，他画的虾子最有名，你们能不能把建筑设计成几只"虾"的样子？还有一个说你们设计的"莲花"只有五瓣，我们这里盛产莲花是不假，可我们的市花是菊花，你们能不能把建筑设计成一朵"菊花"……听到这里我如遭大棒，眼前金星乱冒，犹如万朵雏菊绽放，也算应了那句"画虎不成反类犬"，报应啊……

我的一位不做建筑设计的朋友曾经对我说"如果把蚂蚁放大一万倍，那蚂蚁将不再是蚂蚁而是恐龙"，他弦外之音我当然明白，无奈我们设计中硬是要把蚂蚁似的"玉琮""斗拱"放大设计成摩天大楼，因为我们有文化"撑腰"，于是乎满大街可见如"恐龙"般的建筑粗体横陈，如果这就是我们的传统文化，那还是断绝的好。如何设计建筑，如何用建筑传达美的确很难，而如何恰如其分的评论一个建筑也不易，媒体上有人给出了这样的解决方案："用个体审美代替了群体审美，如此丑陋建筑的诞生估计还会延续，只能期待大众的眼光能最终化腐朽为神奇了。"我从来不怀疑"人民的眼睛"，但对这样的言论我还是存疑的，试想如果我们在各行各业都集多亿人的"眼光"来决策攻坚，那我们还迷茫什么呢？

这篇关于"马桶圈"文章，说实话，乏善可陈，只有一句话很经典，应该永远正确——"剩下的都将会由时间给出裁判"。

"跨界"的建筑

前一段参加了一个几家媒体共同组织的"跨界"论坛，与会者的发言可谓振聋发聩，余音绕梁，也使得一直囿于建筑设计圈子的我大开眼界，难怪这年头大家都热衷于"跨界"活动，砸破壁垒，跃出井底，青蛙发现自己原来还可以媲美王子！

本次论坛的主题是"关于建筑师的工作如何走向艺术品市场"，缘起是 2012 年几个建筑师的草图和建筑模型参与了保利组织的"艺术品"拍卖活动，论坛主办方介绍说最高价格的一个建筑模型和草图拍卖了 50 万元，价格最低的一个模型也拍卖了 8000 元（估计还不够模型制作成本），其余的价格在几万到二十万不等。参加论坛的建筑师显然受到了鼓舞，他们没有想到自己工作过程的"副产品"竟然可以参与拍卖，至于拍卖价格姑且不说，光是能跻身"艺术品"拍卖大厅就足以让建筑师自豪不已。

因为是"跨界"论坛，与会的除了建筑师外，还有比较有名望的画家、书法家、雕塑家和音乐家，这些人算是不折不扣的艺术家，他们很为建筑师抱打不平——一个建筑模型和草图最高才拍卖了50万元？！这完全没有体现出建筑的艺术价值，他们举例说较有点名气的画家一幅画动辄数百万甚至上千万！而最能体现建筑师设计创意的草图和模型拍出如此价格，这不是间接的贬低了建筑自身的艺术性和建筑师工作的创造性？

他们纷纷给在座建筑师支着儿：现在距离今年的草图和模型拍卖还有好几个月，你们完全放开思路为艺术而创作，再也不用顾及那些业主的要求和造价等因素制约，这样才能创作出真正具有艺术价值的建筑作品，也才能拍出天价，从而好让世人认识到建筑的艺术性以及建筑师的艺术家身份！其中音乐家还举了一个音乐神童的例子，据说这位神童演奏时根本就不看乐谱，甚至连谱都识不全，但是他拉的小提琴直指人心，你们建筑师就是被平时那些条条框框给限制死了，不妨学学这位音乐神童吧！他们的言论虽让建筑师很丧气，但却也使得在座的建筑师重新昂起了充满思想的头颅——难道我们连个不识谱的孩子都不如？！这让人情何以堪？只要解放再解放自己的思想，一定就能创作出可以拍卖天价的作品，让那些材料、造价、结构、规范和甲方的种种要求都统统见鬼去吧。

听了这些言论，我感觉自己见鬼了，前途一片黯淡，因为我大学读建筑学专业纯属意外，高考前也基本没有学过什么绘画，更多时候是埋头题海。大学自己学习还算认真，竟然蒙混过关毕了业，还一口气工作了十来年，虽无骄人成绩，却也兢兢业业，甚至自得其乐。我担心那些具有艺术细胞的建筑师纷纷通过拍卖草图和模型确立了自己的艺术家身份，并且为建筑设计这个行业重新找到定位，那时的我岂不成了滥竽充数的南郭先生？这些天来，我寝食不安，除了担心自己的工作前途，还重新回顾了这些年来自己的所学所为，不禁问自己：建筑的价值到底是什么呢？或者她还有没有存在的价值？如果草图和模型先于建筑拍出了天价，成为了传世的艺术品，那对应的建筑还有必要再存在吗？让具有如此艺术价值的建筑为人们遮风挡雨，那岂不是玷污了建筑的思想和灵魂吗？

先说说我自己与建筑或者建筑设计有关的一些亲身经历吧。忝为建筑师的我经常会与业主打交道，几乎每次都会碰到业主同样的要求："一定要有独创性，至少五十年不落后！"每每这个时候我都胆战心惊，只是现在变得越来越淡定，因为凡是到过的城市里基本都没有五十年以上寿命的房子，还有我现在年龄也奔四十了，就是自己设计的房子五十年后真的落后了又能怎么样？总不会还要父债子还吧？还让人纳闷的是大家都想领先，那"落后"的又是谁呢？

有一次陪"程先生"（一位建筑界的院士）去一个地级市踏勘现场，当地领导提出要建的博物馆一定要有地标性，务必要打造成这个城市的名片，最好能有"鸟巢"那样的轰动和影响，今后凡是到了这个城市的人都会来参观，甚至还动情地说："将来即使我们都不在了，也算是为子孙留下点东西。"博物馆的建造用地风景如画，面对此情此景，我竟然忘记了拍照，那可是历史性的时刻啊，多么难得的见证。那个博物馆如今已经建成，却迟迟没有投入使用，从目前来看也没有什么轰动和影响，何况下一任领导的手笔会更大，但愿这个博物馆五十年后还健在，也算是留给子孙对这个时代的一点见证吧。

去年底参与了一个"文化艺术村"的设计，用地处在长江边，同样的风景如画。这次领导倒也低调，没有要求设计做到"鸟巢"那样的影响和轰动，他们说是新城建设太快了，文化配套设施跟不上，加上新城里人气不旺，生活里总觉得缺点东西，他们希望能在这个用地建造十多栋艺术家创作室，并且还有配套的展厅、画廊、休闲茶座等，从而能引进省市级乃至国家级的艺术家进驻，并且能实现艺术家与市民与文化市场的互动，从而能为这个新城增添活力。说真的，我们当时都为业主的初衷和诚恳感动，何况业主还说："你们的设计就是这里的第一件作品！"业主还说要预留出五六栋创作室由大师级的艺术家参与创作，因为这些艺术家多半是书画家，他们可以画出各自的创意，再由建筑师深化完成设计，那样一定会留下传世之作……随着项目的推进，我们和业主一同去上海的文化创意咨询公司调研，原来还真有这样的公司，还不止一家。他们结合项目的特点，分析得头头是道：建议引进某些类型的书法家和画家，如何运营拍卖，如何获得艺术品肖像的使用权来制作丝巾、瓷器等工艺品，如何开展书画培训班和研讨沙龙吸引人气……看来市场早走在了设计创意前面。

我们设计工作推进过程中最纠结的是如何体现艺术家对建筑独特性和品味的要求，甲方总认为我们的设计还不够独特，再三提醒"他们可是艺术家啊"！两个多月后，甲方终于请到了四五个大师级的艺术家要和我们一起交流设计，弄得前一个晚上我们如临大敌，没想到第二天的交流让人如释重负。我们本想效果图、多媒体外加动画表现全方位在艺术家和甲方面前亮相，结果艺术家们基本了解了我们的设计意图后竟然打断了我的介绍，一位年近八旬的老先生率先问甲方：你们把我们引进到这个"艺术村"真正的目的是什么？甲方述说了新城建设存在的问题和建设这个项目的初衷。老先生说那只是你们的说法，这块地是在沿江的城市公园里面，我们进去后岂不成了公园的"景点"？再说设计的房子一栋才两百多平方米，画室太小根本就不能创作大画，还有房子是免费使用还是租用？有没有产权？平常谁来管理？真的要展览谁来负责安全……甲方逐一解答了使用权和安全方面的问题，并且补充说请艺术家为自己的创作室出创意，这样更能体现出各自的特点，做到真正地量身打造。没有想到那位老先生回答："我一点不懂建筑设计，连自己家里房子装修都弄不懂，还是请人代劳的，且不说我的创意如何，真的为我量身打造，按我现在这个年纪，没多久不在人世了，这房子还让后来人怎么使用啊？"大家彻底沉默了。

我庆幸自己见识到了真正的艺术家，因为他老人家虽然年事已高却难得糊涂。他质朴的话语也让我对建筑有了新的认识，还有就是其实不少人太把"艺术"当回事，主要是他们内心里都把自己当作了"艺术家"。"艺术村"项目就这样胎死腹中，只是没有彻底流产，没多久就更名为"文化艺术中心"重新启动，因为前面的波折影响了进度，后面推进的效率就更高更快更强了。

　　曾几何时，猿人住在山顶洞里，河姆渡人住在干栏上，仰韶人住在半穴居里，杜甫尚且为茅屋被秋风所破而哭号。房子除了能为人们提供遮风避雨的基本庇护外，它还在人们有意无意地营造中为我们提供了某种生活场景，小而言之是个人和家庭的共同记忆，大而言之是国家和民族历史文化的延续与底蕴，那些有幸数百年上千年还屹立不倒的建筑，就成了打开历史之门的一把把钥匙，岁月和风雨虽然使得它们沧桑颓败，但正是沧桑颓败使得它们的存在价值不可替代。只是随着社会文明的发展和进步，人们越来越有意识的要将房子变成"建筑"，最好能变得具有艺术价值。西方传统建筑的代表为教堂，只是它是上帝的居所，我们传统建筑的代表为皇宫和寺庙，那是皇帝和神仙的居所，至于人的居所那只能称其为房子，所以东西方普通人都是匍匐在地的，俯首与仰视成了我们固有的姿态与视角。

　　随着现代化社会到来，西方社会转型时期产生了现代主义建筑，其至关重要的是以建筑这种物理实体肯定和传播现代价值观，现代性的内核是对个人的尊重，以及基于这种尊重而衍生的自由、平等、民主等观念，个人认为这正是现代建筑价值最大的地方，而不是那些纷纭多变的流派与主义，更不是那些具有"艺术感"的形式，因为按当时西方的传统价值观念，这些二十世纪初的现代建筑是不登大雅之堂的，更不具有什么艺术性，只是"革命"成功了，价值观念也就随之发生了改变。

现代社会里"居者有其屋"变得如同农业社会"耕者有其田"一样重要，因为作为社会动物的人毕竟具有"动物性"，潜意识里还是需要一个"窝"，使得自己具有一定的归属感，然而随着城市人口的增多和聚集，在有限的资源和时间里如何实现"居者有其屋"并不是一件很容易的事。伴随着尼采的"上帝死了"，现代主义建筑的旗手柯布西耶发出了"建筑或者革命"的呐喊，他甚至将现代化的房子标榜为"居住的机器"。现代建筑一路狂飙，继而蔓延到全球，它们全面占据了曾经城市，并且迅速造出了一座座新城，使得那些往昔独领风骚的教堂、寺庙和皇宫风光不再，甚至灰飞烟灭，可以说现代建筑正是全球化进程的开路先锋。建筑和社会思潮中那么多的主义都成了过眼云烟，唯独资本主义一枝独秀，在我们当下的社会中建筑不折不扣的成了"资本"的代名词，小到一套百十平方米的住房需要一个家庭近二十年的打拼，中到一个地标建筑动辄花费数亿数十亿，大到一个城市一年拍卖土地获得数百亿上千亿的收入，而这拍卖出去的土地因为建造房子而拉动的资本运作又要放大好几倍！想想看，在我们当下的社会除了建筑外还有什么能代言当下资本？并且还几乎将所有人的生活捆绑在了一起！不管什么现代还是后现代的建筑发展到了这个地步，身处其中的人们是不是该醒醒了？没有了神与上帝主宰的人其实也会无聊，甚至会更空虚，但这无聊与空虚仅仅靠房子和资本就能充实起来吗？"消费"真的就是创造吗？

在当下的社会，不少人坚信建筑可以创造财富，开发商、地方政府自不必说，节节攀升的地价让正要买房和将要买房的人也坚定了"迟早要买当然早买"的决心。身处其中的建筑师显得十分的乐观自信，他们相信自己的创意能够点石成金，自己的作品将如同悉尼歌剧院、流水别墅一样成为全球皆知的"艺术品"，何况通过设计和建造还能传承历史延续文化，当然自己也可以随着建筑流传而不朽。其实现实生活中绝大多数建筑都是些普通的房子，而且基本都简单、简陋甚至粗糙，如同这个社会中生活着的大多数，而且他们也基本不会出现在像"鸟巢"和"售楼处"那样的镜头和媒体话语中，算是沉默的大多数，当然如同人一样在某些特定的时刻和环境这些普通房子也会脱颖而出，上海的"楼倒倒"一倒成名，接着出现了大量的"楼歪歪""楼脆脆"，只是瞬间都成了过眼云烟。

建筑是否具有艺术性已无须争论，只是建筑是否是一门艺术一直在争论中。姑且不论建筑，单就是那些大量存在的房子本身就有其存在的价值，因为它们真实地承载着我们的生活和记忆，何况这些房子本身就是一个家庭或者国家的大部分财富体现，它们是这个社会的基调和底色，如同社会中的芸芸众生。在传统社会中一栋房子是否能成为"建筑"或者一个人是否能成为"艺术家"，相对来说还是有迹可循的，因为长期稳定的社会观念形成了相对"客观"的评判标准。以现代主义艺术为滥觞，传统的艺术观念获得了空前的解放，表现手段也变得极度自由，只是各个流派与主义纷至沓来，评判标准就变得莫衷

323

一是，现代建筑身处其中也不例外，但是不管怎么说，建筑是不能离开社会及社会中人的生活而存在的，它的物质性、实在性、文化性与社会性是如此的明显。可悲的是现实社会中我们拆毁了大量的普通房子，因为它们不是什么文保建筑——也就是说不具有艺术性，如此一来造成的浪费姑且不说，我们的过去就这么被轻易地擦除，难道所谓的"艺术性"许诺就能拯救我们城市单调而乏味的生活与景象？

"跨界"的论坛很是火热，侧首窗外，我感觉自己正在鬼混，因为论坛的地方是在城郊的一个创意园里，这里人烟稀少，基本算是当下最流行的鬼城。这些"艺术家"在教唆建筑师为了艺术而艺术，从而可以完全自由发挥，仅仅凭草图和建筑模型就能扬名立万，还可拿到天价的拍卖费，真不知道他们安的什么心？我在想他们为什么不早点回家关门创作，写幅王羲之那样的《兰亭集序》，画张梵·高那样的《向日葵》，谱个贝多芬那样的《命运交响曲》会有什么障碍呢？又何必为了区区千元的专家费而东奔西跑？听了这些言论，还是要为跃跃欲试进军拍卖大厅的建筑师加油祝福，毕竟我们是同行，水涨船高的道理我还懂。

『异用行为』与公共空间

朋友发来一篇关于公共空间"异用行为"研究的文章，很对胃口，因为自己对此行为一直也有所观察和思考，不过读完却未尽兴，胸中块垒，还是一吐为快。

行为学研究根据活动目的将人的活动分类为"必要性活动、自发性活动与社会性活动"；以活动者身体状态区分为"静态活动与动态活动"；以价值判断区分为"正面行为与负面行为"等，而"异用行为"则是指"不按设计师的设计意图去使用环境的行为"。朋友组织建筑学系的学生对杭州市滨水公共空间行为活动进行了为期两个月的大型实地调查，调查结果发现，在研究区域中存在着非常普遍的异用行为，主要活动为：无证露天小摊贩、步行道上乱停车、踩踏绿地抄近路、借用防护堤缘石抄近路、在公共空间随意晾晒衣被、在绿地防护堤等不恰当场地垂钓、自行搭建遮风避雨所等。朋友研究的着眼点在于公共空间的设计是否合理、使用者的使用是否得当、管理者的管理是否到位，最后希望"异用行为"

可以作为人性化设计的灵感来源。身为建筑师，我很认可朋友的观点，但是当下公共空间（乃至非公共空间）大量的"异用行为"发生远非"不按设计师的设计意图去使用"这么简单，而是与当下的城市建设速度过快、资源分配不公、权力监督不严、观念认识不一、管理缺失不到位、设计闭门造车，乃至与生活习惯变迁、传统文化断裂等息息相关。

速度的力量

我们近三十年的城市建设完全可以用日新月异来形容，加上"旧的不去，新的不来"的观念影响，"立新"之前我们总要先"破旧"，北京城墙的拆除成了城市建设的滥觞。罗马不是一日建的，城市犹如一棵参天大树，自有其内在的生命规律与系统，唯其如此才能在动态平衡中有效运行，而我们新城的快速建造往往是强人意志的体现，局部的光鲜难以弥补和掩盖整体的苍白与贫血。随着城市规模的与日俱增，最近几年城市内涝已成常态，地势较低的道路则成了泄洪渠，还有一些工厂乃至生活社区没有合理建造排污处理设施，自然河道就成了污水管，这难道不是自然对公共空间的另一种异用吗？

老的住区占道停车乃至草坪被异用为停车场大家早已习以为常，郊区新建的居住小区因为配套的学校和菜市场不到位，露天小摊贩的出现就成了必然。近些年来"违法占道经营"似乎成了所有城市的"顽疾"，小摊贩与城管的矛盾冲突也是愈演愈烈，流血事件也是时有发生，城市的发展何以至此？街道的功能不仅仅是为了汽车而存在，更不是为了让领导视察时看起来整齐划一而存在，它应该是市民谋生、交流与互动的空间，唯其如此城市才有活力与人情味。为什么城管对占道经营的小摊贩这么厌恶？而对道路两边停满的汽车熟视无睹？城市里既然有经营与买卖的需求，在公共空间设计与管理中为何不能因势利导，既能满足双方需求，又能提供就业岗位何乐而不为呢？

城乡结合部的公共空间也许是"异用"最厉害的，因为那里聚集着大量的外来务工人口，由于吃喝拉撒睡的基本设施不到位，诸如衣服洗晒、自行车停放、垃圾堆放、甚至大小便等各种迫不得已的异用行为就应运而生。市区里面也不完全是井井有条，街头的商铺和餐馆走马灯似的轮换装修，房东为了应对群租将房子分隔的千奇百怪，老年人跳广场舞更是见缝插针，街头建筑立面充斥着狂轰滥炸的广告，乃至公共汽车、地铁车身也完全为广告覆盖，这些难道不也是对公共空间的异用吗？只是我们对什么是合法什么是违规的界定标准模糊和随意，如此一来势必就导致了大量的弱势群体和矛盾冲突。

当下城市建设还为人所诟病的就是大拆大建，也许我们的城市建设是从一穷二白开始的，但是建设主导者喜欢在一张白纸上描绘蓝图却是积习难改，似乎只有这样才能彰显出自己的才能与个性，只是这么多年发展下来，"千城一面"

已是不争的事实。人们常说建筑是凝固的音乐，显然一般的建筑是配不上"音乐"这个称谓的，但是建筑能"凝固"一段时间是无疑的，不管什么时间建造的建筑，一定会在形式、材料、色彩乃至施工质量等方面深深的打上那个年代的烙印。近些年来，我们在对一些工业遗存建筑的处理终于意识到了建筑历史性时间的重要性和价值，尽管北京的798越来越为人诟病，但它毕竟开了一个好头，国内一些利用老建筑改造的展览建筑总的来说都很有特点，也都算得上成功，典型的有南京博物院二期工程、唐山博物馆、武汉美术馆、上海当代艺术博物馆等。

公共资源与权力监督

对于人类来说，彼此之间的矛盾和冲突主要是因为资源占有与分配不公所导致，而在当下的社会转型期，由于权力与资本联手介入公共资源与公共空间，加之监督与管理的不到位，使得矛盾和冲突进一步加剧。从宏观来说，国企改革导致相当一部分公共资源流失，一些地方政府对矿山林地等资源的非法交易明显是将公共资源（空间）进行私有化的异用，还有在房地产狂飙进程中，原本在老城区的剧院、图书馆、大学等公共建筑逐一被拆除，新的场馆和大学基本都被建造在了城市远郊，曾经极具活力与公共性的城市空间往往沦为了少数人享受的会所和豪宅。笔者所在城市有天堂之美誉，文教也算发达，从"文一路""文二路""文三路"等路名就能看出约略，只是道路两边曾经林立的大专院校现在基本都被卖掉迁走，于是一幅幅地王诞生，一幢幢豪宅拔地而起。文一路上曾经的理工大学，有着百年历史约数十万平方米的校舍和数百棵参天大树，最后赢得五幢豪宅，可笑的是开发商的一个卖点竟然是"理工大学 1897"，售楼广告片头竟是黑白片的大学校史——借以说明本地块人文历史深厚，豪宅血统纯正，这五幢大板楼绝不是城市建设的丰碑，而是一个时代的挽幛。

还需一提的是西湖边一幢楼的高度之争，曾经的浙大医学院距离西湖很近，用地很紧张难以发展，据说经过省市两级相关部门长达几年的论证后，在 20 世纪 80 年代中期，校方终于得到许可，建设了一栋五十米左右高的主楼，这幢楼也成了距离西湖最近的高楼，曾经在该校读书的学生算是有福，窗外就是波光粼粼的西子湖。可惜好景不长，该楼建成才十多年，整个校区就成了轰动一时的地王，夸张的是规划部门公示的商业综合体方案中，一幢商务楼的高度竟然达到了七十多米！一时舆论哗然，外省网友声援"西湖不仅仅是杭州的西湖，还是中国的西湖，人民的西湖"，在群情激愤中这幢楼矮了下去，只是曾经的医学院已经变成了一处高档商业综合体。医学院能干什么？也许救人不重要，重要的是自救。有独无偶，深圳某集团在武汉东湖边买了一片地，一共有三千多亩，该地块将用于建造两座大型主题公园（欢乐谷和水乐园），两个高档楼盘以及高级度假酒店，由于将圈去东湖很大一部分湖岸与水面，甚至要填掉一部分水面。这样的建筑究竟是创造了公共空间还是通过对公共资源的异用达到为少数人享用的目的？

不少城市新建的剧院、体育馆、图书馆等特别偏远，多数时候演出寥寥，观众更是门可罗雀，运行压力巨大，据报道一些场馆为了赢得一定的运行收入，将一部分空间长期租用出去。公共建筑最可贵的在于其公共性与开放性，且不说将公共建筑租用给公司或者个人是否恰当，因为选址不当、规模过大、服务配套不到位，使得公共建筑沦为摆设，这样的公共建筑价值何在？还有一些政府建筑的公共空间因为使用管理而导致变味，笔者前几年去深圳，专门去参观某建筑事务所设计的规划局办公大楼，这幢楼除了设计手法简练用材考究外，还有就是可为市民共享的大厅空间为人乐道，从网上和专业杂志的照片来看值得体验一下。谁知到了院子大门口根本进不去，于是笔者就站在墙外拍了几张照片，结果被保安呵斥阻止，退而求其次走到马路对面再拍照片，谁知保安竟发飙了，在警棍挥舞下草民只有落荒而逃，这是对公共空间的亵渎，也是对设计师的一记耳光。相信这样的场景不是绝无仅有，笔者所在公司设计的浙江某政府机关大楼采用了院落式布局，利用水院和架空层营造了很多可以为市民休憩活动的公共空间，可叹的是设计者去参观都要预约登记，这些公共空间和一般的老百姓基本无缘。

城市里违章建筑是对公共空间的私有化异用，经常能看

330

到拆除违章建筑的新闻，可是似乎没有人深究为什么会产生违章建筑。市郊搭建的棚户区不用多做解释，市区利用大型公建屋顶建造的豪华别墅让那些小摊贩情何以堪？前一段江苏泗洪县对公共空间的异用更是登峰造极，该市几条刚刚修好的高速公路几乎在一夜之间覆盖上了一米左右厚的黄土，还种上了大豆，现在大概已有"草盛豆苗稀"的景致，这种壮举足以令那些行为艺术大师汗颜，想当年杜尚也只不过将一只小便斗异用为"泉"而已。其实类似的事件早已有之，高速路上种大豆既非空前，唯愿绝后。

建筑师的尴尬

建筑设计是一门实践性很强的专业，建筑师固然需要艺术修养与人文情怀，更需要在设计与实践过程中进行互动与反思总结，唯其如此才能起到建筑与使用者桥梁的作用，也才有可能实现人与自然的和谐相处，最终实现人的精神价值。可惜我们"精英式"的建筑教育导致建筑师有意无意地将自己的职业艺术化、身份明星化，而现实的情形是由于现有制度导致设计与实践的割裂，多数建筑师沦为绘图机器，在昼夜不分的工作环境中憧憬着光影交织的美妙空间，只是这样的空间在建成后不被异用才是怪事。

工作以来一直有个念头，那就是在建筑完成使用了三四年后做全面回访，主要是观察那些被异用的地方，还有那些即使没有异用但是出乎意料的地方——毕竟图纸和实际差距还是很大的，可惜这些年过去了做得很不到位。现在的情形是相当一部分建筑师画完施工图就算工程结束，再好一点的就跑跑工地，对细节质量严加控制，但是很少有建筑师在建筑使用了三四年再去全面关注和分析，那样的投入不仅需要精力，更需要的是勇气——因为很多建筑使用三四年后变得面目全非，甚至惨不忍睹。

建筑师一般都是在建筑完成第一时间用专业相机拍照，再后期处理，国内建筑杂志发表的建筑图片都很清新，清新到基本都没有一个人，唯有空间里交织的光影，难道这些建筑只作为标本存在吗？"以人为本"经常被建筑师挂在嘴边，试问这"人"到底指的又是谁呢？

异用·易用·宜用

一个城市的魅力与活力，说到底取决于其公共空间的魅力与活力，取决于其公共空间是否易用和宜用。公共建筑的建设主体基本都是各级政府，维护其空间的公共性责无旁贷，即使是公司的商业开发也可以通过法规和政策引导、鼓励和奖励其为城市提供更多的公共空间。在当下的现实生活中，对公共空间异用最大的特点就是使得公共性减弱乃至私有化，在城市建设中，由于对公共建筑的选址和定位偏差，加之运行费用过高，和管理不到位，导致人们对地标性的公共建筑非议颇多，以至于许多大型公共建筑分别被老百姓冠名为"大裤衩""比基尼""超短裙""马桶圈"和"秋裤"等，这些外号无一例外都是指向个人化的物件，甚至都是贴身之物，私密程度可见一斑，这样的化公为私，是对公共性的彻底瓦解和嘲讽。大型公共建筑固然代表着一个城市的外在形象甚至内在气质（可惜现实中能担负起这样作用的建筑寥寥无几），但是无论如何也不能以丧失建筑的公共性与开放性为代价，那些因为种种动机和原因建造的布景式的公共建筑，即使要想异用付出的代价也是惊人的。

在现实生活中，如果"异用行为"的发生仅仅是不清楚设计师的意图，那事情就好办多了。由于笔者一直从事建筑设计工作，就举个典型的例子加以说明。阳台是市民生活很重要的一个场所，休憩、远眺、晒衣等功能都在此完成，由于阳台有封闭式和开放式之分，如何计算面积曾经有分歧，后来规范规定阳台面积按一半来计算，高度超过一层的阳台不计算面积，为了"偷面积"，一时不少设计将阳台进深做到了五六米甚至更大，还有就是每户的阳台上下层错位布置，这样可以不算面积，如此一来开发商的房子就有了卖点。各地政府对这种现象也采取了不同的对策，笔者所在的城市规定住宅阳台进深不允许超过 2.4 米，如果超过就全算面积。2016 年 7 月份国家正式颁布了新的《建筑工程建筑面积计算规范》，引起开发商和建筑师惊呼——因为按新的规范，曾经利用阳台、飘窗等"偷面积"的时代已经过去。

如果说在阳台的设计中对规范的异用是隐性的，那么在实际使用中发生的异用则是显性的。阳台在我们的生活中最大的一个功能是晒衣物，由于为了抵挡风雨阳台最后基本都被封闭，但是由于要晒衣物，不少住户就在阳台外面又加出晾晒用的篷架。老的居住区由于没有设置安全门禁，窗户和阳台上基本都安装了防盗窗，防盗窗固然是为了防盗，其实在日常的使用中更多是当作摆放花盆和鞋子的支架，更是防止幼童坠落的屏障。我们的阳台与欧美建筑的阳台在外观上有很大的不同，这既有设计手法造成的，更有生活习惯导致的。

在当下快速转型的生活中，人们岂止对公共空间进行了异用，看看我们的衣食住行吧，对于多数市民来说，穿衣不只为了保暖，吃饭不只为了饱腹，买房不只为了睡觉，开车不只为了快行，手机也不只为了通话，背包更不只为了装东西，网络流行语几乎无一不是对既定语言的异用。这些有意无意忽视物品的原始功能说明我们的生活水平提高了，这也印证了那句名言"美的东西基本都是没有用的"，只是地沟油到底有没有用或者如何用让大家很头疼。

创新是设计的永恒动力，而且也是一个动态的过程，所谓异用无非是为了使既有的物品、空间或者环境变得更为易用和宜用，更为人性化。诸如廉租房的厕所很小，是否能采用高铁上那样的集成式厕所来解决问题？晚餐馆是否可利用就餐时间差在某个时间段异用为早餐馆？居住区与办公区是否可以利用时间差进行互补停车？学校在寒暑假是否可以将一部分功能对社会开放使用？开发商在市区和市郊囤积的土地在一定的时间是否可以异用为市民的"菜地"？笔者所在城市每年暑期政府都会将防空洞对市民开放作为纳凉之地，相信随着网购与网银的兴起，商业实体店与银行的服务厅功能异用、易用和宜用也是指日可待。

美国学者斯蒂芬·卡尔等在《公共空间》一书中写道："如果设计不立足于对社会的理解，他们就可能退而求助于几何学的相对确定性，青睐于对意义和用途的奇思臆想。设计师和委托人就可能轻易地把好的设计同他们追求强烈视觉效果的欲望混淆起来。公共空间设计对公共利益的理解和服务负有特殊的责任，而美学只是其中的一部分。"大体来说，每个人都有个体性与公共性的双重性，我们都有必要"对公共利益的理解和服务负有特殊的责任"，只是建筑师更多的责任在于对单体、局部的公共空间理解与处理，真正要实现城市公共空间的开放性、连续性与互动性还有待于制定科学合理的政策法规和建立起完善有效的管理与监督机制，当然更需要每个公民的建设性参与。

漫谈建筑设计规范

作为一名建筑师不去谈形式、论空间、说创意、品文化，却提起了规范，这多少会让人扫兴。我不知道这意味着什么，在多数同行眼里这可能意味着该建筑师年纪大了，或者江郎才尽，或者成了只说不练的"权威"。因为初出茅庐的我也曾经是那么的"鄙视"各种相关规范，总以为那些玩意是院里老总折磨人的"镣铐"，是相关职能部门树立权威的"工具"，是建筑创作的"杀手"，当我屡屡碰壁若干年，竟然也成了院里负责技术的总建筑师，再回首看看这些"镣铐"，如鱼得水，冷暖自知，岂止一句"痛并快乐着"所能说清道明。

"规范"按字面意思就是规定示范，可谓将曾经行之有效的经验记录下来，以供后来者借鉴利用，按理来说，这是何等的好事，可是什么事情就怕过度，萧规曹随还好，如果演变成了三纲五常那就不大妙。建筑规范当然就是用于建筑行业的各种规章制度，只是这些规范基本上都是必须执行的，其中不少还是黑体字的"强制性"条文。这些规范有总体的，也有针对各个单项的，还有各个工种的，当然也涵盖了建筑设计、施工、验收等各个环节，我敢保证举国之内没有人能完全熟悉并掌握这些规范，因为实在是太庞杂，光是与建筑设计相关的规范汇总的书字数起码就有数百万字。

"匠人营国，方九里，旁三门，国中九经九纬，经涂九轨。左祖右社，面朝后市，市朝一夫。"这是《周礼·考工记》中关于筑城建都一段话，我最早是从大学建筑史课本上看到的，老师要求背诵，并说汉唐的长安乃至明清的北京城布局都多少是按这个来规划建造的。我当时不以为然——都大学了还要背诵？！结果……结果是建筑史期末考试竟然考填空，一连串的空都是关于这段话的！我当然没有全部填完，可是现我对这段话却几乎能倒背，因为建筑师写文章实在太爱引用这段话了，其实我对《考工记》的认识也就只限于这段话。现在想想，这也许算是我们国家最早的建筑规范吧。学过建筑学专业的人都会知道成书于北宋的《营造法式》，其作者为李诫，这应该算是我国古代最完整的一部关于建筑设计、施工的规范书。在西方建筑史上很早也有着近似规范的著述，最出名的莫过于古罗马维特鲁威著的《建筑十书》。现在想来我们这些传统的建筑"规范"与西方规范差别很大，大抵来说我们的规范特别强调"礼制"秩序，不同身份与官阶对应着不同的建筑制式（诸如房屋开间、屋顶形式、建筑色彩等），如有违规，视为僭越，后果往往比地震还要严重。另外受我们传统的生产方式和文化传统影响，传统的建筑规范具有"模件化"的特点，最典型的莫过于《营造法式》，它规定了建筑模件"材"，其他的建筑构件乃至整个房屋都由"材"所决定，工匠们可按照"材"的规定分门别类的生产制造出房屋的构配件，然后再如同搭积木一般迅速建造起一座座房屋乃至都城。而西方的建筑规范相对来说更为抽象，"模数化"算是其最大的特点，尤其是工业化大生产以来连人和人的生活也越来越被规范化。

为什么这些经典的"规范"不再被执行，却成为了历史或者文化谈资？这大抵应了中学课文里学的那句"时移事异，变法宜矣"。想想在农耕社会，造房筑屋基本上是"一家一户"的事，工匠也基本不会大范围流动，加之许多做法都是口口相传的经验，这样一来全国性的规范实无必要也绝无可能，看看从北到南的传统民居就知道了，北京四合院、云南一颗印、陕西窑洞、福建土楼、江南的粉墙黛瓦……都是因地制宜的产物。

随着西方工业化大生产的革命性巨变，批量化的机械制造代替了传统的手工艺生产，加上这些产品的使用和销售也不再局限于一城一省，甚至一国，为了工业产品的普适性、高效性、安全性与稳定性等需要，针对不同产品的规范应运而生。建筑因为其和场地关系具有唯一性，所以其规范化相对于像汽车这样的工业产品就显得滞后与庞杂，我们当下城市景象可谓千城一面，但是一套普通商品房的质量却实在差强人意。几乎所有的老百姓对自己所处的城市与建筑都不大满意，觉得乏味而单调，其实这基本无关设计师水平的高低，如果西方国家当年也如同我们现在一边飞速建造房子，一边大拆强拆，恐怕今天巴黎和纽约的建筑不会有太大区别，也和我们当下的城市建筑没有多大区别，这可以说是现代（规范）化带给整个社会最大的问题，随后的后现代正是针对现代化存在的问题而开火，我们将来的社会与生活何去何从正在考验着人类的智慧。

建筑规范相对来说是抽象、枯燥、呆板的，所以有点想法的建筑师多少都对规范有些抵制，或者敬而远之，但是具体到设计的过程中，建筑师又不得不面对各种规范，因为不管他们喜欢不喜欢已经无法绕开这些规范。下面所写的是我亲身经历的与建筑规范相关的一些事情，大都是建筑师行内熟悉或者不足不愿为外人所道的，这些现象既是那么琐碎、庞杂、无趣甚至荒唐，但又是那么的完备、理性甚至无懈可击，这大抵正是当下建筑设计行业的真实写照，我们当下的生活状态何尝又不是如此呢？

我在大连刚参加工作不久设计了一个商业建筑，这个建筑很特别，顺着山坡全埋在地下，而且有三层，还全部是"人防工程"。那是我第一次设计的人防工程，记得当时设计院里基本无人设计过人防工程（建筑设计中涉及人防工程一般都由人防设计院进行专项设计），而当时关于人防设计的相关规范、图集都是内部发行，好在那时无知者无畏，也好在人防办距离我工作地方不远，一有问题就跑到人防办去咨询。

一个处级的参谋不厌其烦地为我答疑解惑，并且复印了一份图集给我，因为这个工程人防办本身就是投资主体。我2003年10月离开了大连，这个项目还没有完全建好。在新的城市刚开始工作时，我自告奋勇参与了一个住宅小区的地下人防工程设计，等我再次研读规范和图集时，才发现大连的那个设计中竟然把"防爆破活门"安装的内外方向弄反了！这意味着潜艇的密封门装在内侧，可以说对外来的冲击力几乎没有了抵抗作用，我当时吓得目瞪口呆，要知道人防工程可是为了战时之需，供就近老百姓避难用的，如此马虎与失误不是草菅人命吗？！尽管我可以为自己开脱——那位处长是这样指导我设计的，后来院里的总工也详细看过我的设计图，可毕竟设计者是我啊！我马上给那位处长打电话说了情况，他淡定地说没有什么，他会来处理的。随后的若干年我陆续参与一些工程的人防设计与现场验收，自己也变得越来越淡定，大家都调侃说真正打起仗去哪都行，千万不要去自己设计的人防工程，这倒不是设计或者建造有问题，实在是都什么年代了，那点钢筋混凝土会抵抗得了导弹？何况真正打起仗我们恐怕还没进到人防工程就死在了外面，今后还有什么样的战争会将炸弹投向我们这些平民百姓呢？今年夏初我再次回到了大连，晚上和之前的同事聚会，酒酣闲聊，有人突然问中山公园的那个人防工程是你设计的吗？我问有什么问题，对方说那位处长后来被判了好些年，我的醉意一下子就被吓清醒了，对方哈哈笑着说这家伙在审计时被查出贪污了好几百万……接下去的酒我喝得很无味。

人防工程设计不是每个项目都有，即使有也都在地下，而且基本是地下室面积的一部分，而消防设计却是每个项目都有，并且涵盖了地下与地上所有的建筑面积。一般说说来用于消防的投资约占整个工程费用的 8% 左右，想想一个工程动辄投资上亿，一个城市和全国一年下来在房屋建造中用于消防的投资那会是多么的惊人！我曾和别人调侃说消防设计更多是一种人道主义需要，因为全国每年因为火灾而造成的损失要远远低于消防的投资，何况有多少消防设施在发生火灾时还能起作用谁也不好说，但是人命关天，生命价值不能这样来计算。值得一提的是农村的房子基本都没有任何消防设施，这也算城乡差别的一个方面。

建筑师在涉及的规范中最头痛的恐怕就属消防设计规范，因为这规范几乎年年都在强制性培训，而且每个工程都会涉及，可是专家也常常难以回答设计中遇到的各种特殊问题，何况一些规范的条文本身就模棱两可，执行尺度也往往因时因地因人而异，但是消防设计如果不能通过消防部门批准，那这个工程基本就要搁浅，即使勉强开工将来验收也成问题。不过遇到特殊问题也有特殊的解决办法，这就要看投资主体是谁，他的能量有多大。我参与过一个大城市的剧院设计，由于项目本身的复杂性加上设计形式的限制，按常规的消防设计规范这个项目就是盘死棋，好在项目是市政府投资，后来委托特别的消防部门进行"性能化"设计，并且提请专家论证，消防设计竟也合格了！还有曾经参与的一个五十余万平方米的大型服装批发市场设计，按现行常规商业设计的消防规范也是死棋，后来经过专家论证会研讨消防设计又合格了！这两个项目面积不可谓不大，消防也不可谓不重要，按常规消防设计规范完全不可实施，但是经过论证会研讨竟然都能行得通，我由此很纳闷消防的设计底线到底在哪里？究竟是我们平常消防设计做过头了还是专家论证的力量是无穷的？

前几年主持设计了一所中学，学校为几排外走道式的五层楼，当地消防审图时提出按规范楼梯间要加防火门，做成封闭楼梯间。我们去当面沟通解释：楼梯间对着的就是开敞外走道，不做防火门应该更利于排烟和疏散啊，我们在设计过程中调查时发现这样的教学楼楼梯有的也安装了防火门，只是使用时门会占用通道宽度，老师反映偶尔也会发生学生碰撞和夹手。可是按规范条文要求的确是要做成封闭楼梯间的，审查人员表示理解却无可奈何。我打电话给主编《建筑设计防火规范》的消防研究所进行咨询，他们答复说这样的情况可以不用装防火门，因为规范考虑到通用性——北方的教学楼多数外走道是装玻璃封闭的，为了防止着火产生烟雾的危害性，楼梯间就一定要做成封闭的。我们再和当地审图人员沟通，后来他们也同意楼梯间可以不装防火门，做成开敞式的。这件事情让我对规范的通用性、特殊性乃至地域性有了一定的认识。

去年我设计的一个项目建筑屋面结构顶到室外地面的高度正好为 24 米，按现行规范这算是多层建筑，我在以往几个工程都是这样理解与设计的也没出现什么问题，可是这次出问题了，当地的消防部门直接开出了一张罚款通知，说这是违反了强制性条文。甲方陪着去沟通，消防部门解释说 24 米的高度不是到结构顶面，而且还要包括结构顶面上部的找坡层、防水层、保温层和保护层等厚度，你们的设计显然超过了 24 米！我和他们解释以往都是这样设计的，他们说那不能作为参考依据。24 米的高度是传统消防车着火扑救的高度，这个高度已经维持了几十年，消防部门培训时也说现在的消防车扑救高度早超过这个数字，所以建筑设计因为造型需要，有的女儿墙高达两三米消防审批部门也同意，这意味着女儿墙顶距地高已经有 26 米左右了，但是屋面距地高度还是不能超过 24 米，只有这样大家才都是"安全"的，要知道现在的设计和审查都是终身负责制，万一发生火灾事故追究责任那才叫问题。这样说来消防部门何尝也不是为我们考虑呢？最后沟通的结果是图纸拿回去修改，罚款照交。

几年前就说《建筑设计防火规范》与《高层民用建筑设计防火规范》要合并，并且出了试行版，各地各部门开展了频繁的培训，我也参与了来自北京权威机构组织的规范培训学习，为期两天的培训不算食宿费用每人就要一千元。为什么大家参与这么积极呢？因为我们设计过程中这两个规范实在是太重要，简直就是"葵花宝典"。何况以前两个规范中有些地方互相矛盾和纠缠不清（各个不同规范偶尔有点矛盾这在设计人员早已习以为常），这次合并也算是毕其功于一役。谁知三年过去，时时还有机构打电话发传真召集设计人员进行培训，而这合并的规范就是没有了下文，我们难道因为这种培训费都是公司埋单就无动于衷？

最近几年的几起建筑火灾（诸如北京的央视大楼、上海的高层公寓）无论经济损失还是人员伤亡都可谓惨重，起因似乎都是因为建筑的外保温材料引发的，于是2011年在3.15晚会对建筑保温材料存在的安全隐患播出前一天，公安部颁发了紧急文件，要求建筑保温材料的防火性必须达到A级——这意味着今后即使明目张胆的纵火建筑外墙保温材料都不会再燃烧，不知道这算是雷厉风行还是城门失火殃及池鱼。接下来近两年建筑设计和施工行业都很纠结，因为能达到这样防火性能的保温材料价格很高，而且别的缺点（诸如强度不够、吸水性大等）也很明显，但是火灾关系到人民生命财产安全，谁也不敢马虎大意。我参与设计的一个博物馆项目刚好在这个阶段施工到保温材料，而且地下室外壁用的挤塑板（防火性能为B1级的保温材料）在新规范出来前刚刚施工完，质监部门到现场来检查，要求对这里的保温材料进行整改，实际情形是一部分保温材料已经被土填埋，没有填埋的由于地下水位很高，还在用水泵向外排水，甲方、施工方和设计人员在现场据理力争，而质监部门的神情既表示理解又显得爱莫能助。后来甲方要求将这里的保温材料名称修改为防水卷材的"保护层"，才算勉强过关。2015 年初国家总算出了新的规范，对不同的建筑及建筑不同部位的保温材料的防火性能进行了细化要求，总算让大家松了一口气。

其实这些建筑火灾后来公示的原因更多的是材料质量不合格，材料供应商因为层层盘剥，最后以次充好，还有施工操作不规范造成的，也就是说更多原因是程序和管理问题，而非材料本身，如同我们的奶粉和牛奶屡屡出问题，并不是我们的奶牛有问题，我们总不能因为奶粉和牛奶发生问题就要求把所有的奶牛给屠杀了，或者禁止全国人民再喝牛奶，荒唐的是我们事故的责任人总是临时工或者奶牛吃的草发生了霉变。前一段新闻报道说苏泊尔的不锈钢锅部分微量金属超标，会对人体造成伤害，后来据说是现行的规范严重过时，最后的结果是国家修改了相关规范，那些刚下架的不锈钢用具竟然又都合格了！这些年来不但人民的思想与时俱进了，而且连身体素质也明显的与时俱进了，这样看来让人莫名其妙和莫衷一是的不仅仅是建筑设计行业的相关规范。

我们现行的各种规范更新速度与频率也是极其的不一致，某些规范用日新月异形容当然有点夸张，但是设计人员刚刚熟悉却发现规范又变了，于是又是买新规范又是培训学习甚至替换已经完成的设计图纸。而有的规范硬就是几十年如一日以不变应万变，本人参与主持了几个博物馆的设计，在设计一开始就面临着 1991 年版规范的尴尬，执行吧基本无法设计，不执行吧这规范还是现行的，并且既没有作废也没有新修订的，最后都是和消防部门、审图机构等多方多次沟通才"模糊"着设计下去，最后谁都不能太较真。

与这些"规范们"形成鲜明对比的是商业培训机构和各个材料商家的热情和效率，每当规范那边有风吹草动，设计公司和设计人员就会接到无数的电话与传真邀请，还有大点的材料厂家会第一时间把自己的产品召集专家编制成图集，并且有正式图集号作为地方标准予以出版，厂家也常常组织设计人员培训学习。这两者不同的是前者收费不菲，后者基本免费甚至还有礼品相送，并且后者还许诺设计师如果工程设计中选用了他们的产品可以给予回扣若干。这几年关于绿色建筑设计的培训蔚为大观，每每当我看到公司自动接收传真机边上一摞摞的培训邀请通知，那意味着我们真正的绿色又减少了一些。

以上所述的基本都是与人防、消防设计方面相关的规范问题，其实设计中还有许多关乎着其他安全隐患的规范。前两年偶然在报纸看到一则报道，说是某小区的一位老人在阳台晒咸鱼干意外坠楼死亡，我又是惊了一身冷汗（因为这个小区我算是主要设计者），赶紧在电脑上查当年设计的图纸，还好阳台栏杆高度完全符合国家规范要求，要知道现在设计是终身负责制，这意味着在设计师有生之年要么提心吊胆要么心存侥幸地活着，当然你也可以练就的像奶粉厂家一样临危不乱，淡然处之，奶民们慢慢就会习以为常。尽管地震倒掉了那么多学校，全国各地还是相继出现了不少楼倒倒、楼歪歪、楼脆脆，也许这些楼正是为各种规范所折腰。

我所在设计院还是很重视设计质量的，至少表现在每年都会进行ISO9001国际标准宣传贯彻与内部外部的审查工作，一时各种表格填的人手腕发抖，最后的结果当然是皆大欢喜——我们也算是与国际接轨了。这些程序的确是按国际标准制定的，不可谓不科学、完备与严密，但是要知道我们设计周期本来就短的不能再短，几乎所有项目的设计都是再三修改，正如设计央视大楼的国际建筑大师库哈斯所惊叹"一个中国建筑师是用五十分之一的时间完成了他们五十个建筑师的工作"，在这个前提下谈贯彻国际标准不是在缘木求鱼与自欺欺人么？

阳春三月，漫步在西湖的柳浪闻莺，游人如织，西湖边的栏杆低得不能再低，而且相当一部分地方压根就没有栏杆，每年有数千万的人在游览西湖，却几乎没有听到过坠湖的意外事故。这么来说不是拿人民的生命和财产不当回事，只是我在想既然我们生活的这个社会已经离不开各种规范，那这规范除了以人民的生命和财产安全为本，更应该让活着的人具有尊严感与自由度，也就是说规范只是一种手段而非最终目的，至于最后是否能做到如孔夫子所说的"随心所欲，而不逾矩"，那是要看我们这社会最终的文明程度与人性，而不仅仅取决于规范的完备与严格程度。

　　身为建筑师，虽以绘图谋生，然而在这个读图的时代我却更喜欢文字，因为即兴写就的文字没有所谓的"任务书"限制，也没有"甲方"的反复修改，更没有为稻粱谋的压力。这些文字无论浮浅或深刻，油滑或严肃，古板或风趣，但求率真与畅快，多年的经营筛选后竟也有厚厚一本，名之为《西北偏北》，这无关希区柯克的悬疑片，实属巧合。

　　生为咸阳人，大学前的活动范围不过方圆几十里，及至大学起活动范围越来越大，东奔西走，国内国外，多属走马观花，不惑之年回首才发现身为西北人，西北五个省竟然只到过一个——并且还是自己出生的那一个！2012年春节回老家，我向西北偏北方向多行了几十里地，先后看到了树龄1600多岁的古豹榆，建于北宋的武陵塔，立于民国的"虎山"石碑，更领略了粗犷苍凉的沟壑地貌，难道这就是我自以为极其熟悉的故乡？乡音犹在，故人渐稀，人物两非，何其恓惶！

　　在走马观花的旅行中，我曾经遇到几次离奇的"巧合"。

一次是去意大利，同行的副院长在梵蒂冈邮局询问旁人如何填写明信片邮寄地址，他惊讶地发现这个正在填写明信片的人和他住在国内的同一个小区，甚至还是同一幢楼，只是他们从不认识。再有一次是去美国，我背着相机在拉斯维加斯酒店赌场的大厅溜达，大学毕业近十年不联系的同学迎面而至，惊呼拥抱换名片，又快十年过去也没有再见一面。还有一次是去瑞士，我和几个杭州的同事在偏僻的小镇吃晚饭，抬头发现上海公司的几个同事竟然也走了进来，他们可是提前三天出发先去的意大利啊！新锐建筑师马岩松做了一个"鱼缸"作品：他观察到自己鱼缸里唯一的那条鱼每天游行的路线很规律——就在那么几个不同标高的水面沉浮前行，于是他就用笔在鱼缸外面画出了鱼的游行线路图，按这个线路图他为这条鱼量体裁衣做了一个特制鱼缸，然后给玻璃管道注满水将鱼放了进去。出国的几次巧合我们分明就是被扔进"管道鱼缸"的鱼，尽管外面的世界不乏色彩斑斓，但自己的线路图却尽在一管之中，而且这管道还不是单独为某一个人量身定做的，所以才有彼此时时碰头的"奇遇"。

前些年因南京博物院项目经常乘大巴车来往于杭宁之间，高速公路如同利剑一般劈开了沿途的村子，由于经常反复往来，什么地方有荷塘，什么地方有大树，什么地方有小庙，基本都记住了，可惜都是隔着车窗看看而已，及至后来高铁开通，这些景致因为速度加快就变得更加模糊而迷离。智能手机让绝大多数人都成了低头族，也许大家不再对窗外的景致抱有兴趣，只是偶尔同聚一桌，话题却是那么的雷同与一致，同一性与共时性的信息传播不正像那条玻璃管道吗？

我加班加点为他人绘制着蓝图，一转眼却发现自己就读的小学已经不在，中学也不在，老家翻建一新，儿时的伙伴奔走四方，我们生活真的在别处吗？大学读书寒暑假回家，工作了基本只有春节才回老家，近二十年几乎没有再见过小麦吐穗的情景，夏天在杭州的街头时时可见挑着担子卖莲蓬的人，可我在江南多年却不曾亲手摘下一颗莲蓬，大家的奔走与追寻到底是缘木求鱼还是得陇望蜀？在奔走中我们最终得到了什么又失去了什么？

我的生命一半在西北度过，另一半在东南度过，不出意外我会在江南待的时间更长，在人生成长中能先后领略与体验到两种不同的地域环境和文化特色，并且能在其中生活很长时间也算是一件极其幸运的事情。"城市化"无疑是我们这个时代的主旋律，因为这个主旋律"造城"和"进城"就成了时代潮流。造城固然不易，但是却充满了希望，而进城虽怀有憧憬，却不乏艰辛，背井离乡多属被动。因为我的经历与职业使得自己既是进城者，又是造城者，辑录在《西北偏北》的这些文字有建筑评论，文化随笔，设计小说和乡土札记，这是一个典型70后建筑师的追寻与成长、回顾与思考的体悟，这些文字与语言技巧无关，某种程度上也不是用笔写成的一本书，而是随着这个历程推进自然而然留下的痕迹，自然而然并不是说记录就是理性客观的，恰恰相反，这些文字的视角和观点是很主观很个人的，如同本人的乡音一样。

看别人出书多有感谢之言，现在来看也难以免俗。日常的工作本身就是超负荷的，即使挤时间读读写写，我也知道这是外围环境给出了能挤压的空间，这离不开家人的理解和支持，也离不开程院士这么多年给予的包容和肯定，还离不开由内心浮现到眼前的众多朋友，衷心感谢大家的一路同行与关注的目光。

王大鹏

2017. 初

春

图书在版编目（CIP）数据

西北偏北：一个 70 后建筑师的手记 / 王大鹏著 . ——
沈阳 : 辽宁科学技术出版社 , 2017.8 （2018.1 重印）
ISBN 978-7-5591-0302-4

Ⅰ . ①西… Ⅱ . ①王… Ⅲ . ①建筑哲学－中国 Ⅳ .
① TU-021 ② TU-092

中国版本图书馆 CIP 数据核字 (2017) 第 114851 号

出版发行：辽宁科学技术出版社
　　　　　（地址：沈阳市和平区十一纬路 25 号 邮编：110003）
印 刷 者：沈阳市精华印刷有限公司
经 销 者：各地新华书店
幅面尺寸：140mm×203mm
印　　张：11
字　　数：220 千字
出版时间：2017 年 8 月第 1 版
印刷时间：2018 年 1 月第 2 次印刷
责任编辑：杜丙旭
封面设计：周　洁
版式设计：周　洁
责任校对：周　文

书　　号：ISBN 978-7-5591-0302-4
定　　价：49.80 元

联系电话：024-23280367
邮购热线：024-23284502